中国自然资源统计年鉴

CHINA NATURAL RESOURCES STATISTICAL YEARBOOK

2024

中华人民共和国自然资源部　编

Compiled by the Ministry of Natural Resources P.R.C.

地质出版社

Geological Publishing House

· 北　京 ·

Beijing

图书在版编目（CIP）数据

中国自然资源统计年鉴. 2024 = China Natural Resources Statistical Yearbook 2024 : 汉英对照 / 中华人民共和国自然资源部编. -- 北京 : 地质出版社, 2024. 10. -- ISBN 978-7-116-14337-1

Ⅰ. P966.2-54

中国国家版本馆CIP数据核字第202415BJ75号

ZHONGGUO ZIRAN ZIYUAN TONGJI NIANJIAN 2024

责任编辑： 刘雯芳　程飞飞
责任校对： 田建茹
出版发行： 地质出版社
社址邮编： 北京市海淀区学院路31号，100083
电　　话：（010）66554608（邮购部）；（010）66554605（编辑室）
网　　址： https：//www.gph.clmpg.com
印　　刷： 北京地大彩印有限公司
开　　本： 880 mm × 1230 mm　1/16
印　　张： 16.25
字　　数： 500千字
版　　次： 2024年10月北京第1版
印　　次： 2024年10月北京第1次印刷
定　　价： 198.00元
书　　号： ISBN 978-7-116-14337-1

《中国自然资源统计年鉴 2024》编委会

《中国自然资源统计年鉴 2024》编辑部

编者说明

一、《中国自然资源统计年鉴2024》是一部全面反映中华人民共和国自然资源状况和自然资源管理情况的资料性年鉴。年鉴收录了全国和各省（自治区、直辖市）2023年自然资源领域主要统计数据，以及近年主要统计数据。

二、年鉴资料内容包括自然资源概况、自然资源开发利用、国土空间规划和用途管制、地质海洋灾害及生态修复、测绘地理信息、自然资源依法行政、自然资源科技人才共七部分。各部分附有主要统计指标解释，对主要自然资源综合统计指标的含义、统计范围、统计口径、计算方法等做了简要说明。

三、年鉴数据主要来源于自然资源部各司局、中国地质调查局及自然资源部其他直属单位、各省（自治区、直辖市）自然资源主管部门，以及矿山企业、测绘企业、地勘单位等调查统计对象；部分数据来源于国家统计局、水利部。

四、年鉴的全国统计数据均未包括香港特别行政区、澳门特别行政区和台湾省数据。

五、一些数据的合计数或相对数，因受进位的影响，不一定等于分项的累加。

六、年鉴各表中，对表中部分指标的注解在该表下方。

七、年鉴各表中的空格表示该项统计指标数值为“0”。

Explanation of Compilation

Ⅰ. The *China Natural Resources Statistical Yearbook* 2024 is an informative yearbook comprehensively reflecting the status of natural resources and natural resources administration. It collects the main statistical data in the field of natural resources of the whole country and all the provinces （autonomous regions, and municipalities directly under the central government） in 2023, and key statistical data in recent years.

Ⅱ. The yearbook contains seven chapters: ①general situation of natural resources; ②development and utilization of natural resources; ③planning and use control of land space; ④geological and marine disasters, ecological restoration; ⑤surveying and mapping, geographic information; ⑥legal administration of natural resources; ⑦natural resources scientific and technological talented personnel. In addition, explanatory notes on main statistical indicators follow each chapter, which give brief description of the connotations, statistical scopes, statistical approaches, and calculation methods of the main natural resources statistical indicators.

Ⅲ. The principal sources of the yearbook are annual comprehensive statistical reports on the departments and bureaus of the Ministry of Natural Resources, China Geological Survey, other units directly under the Ministry of Natural Resources, the administrative departments of natural resources of all provinces (autonomous regions, and municipalities directly under the central government), as well as mining enterprises, surveying and mapping enterprises, geological exploration units and other survey and statistics objects. Part of the data come from National Bureau of Statistics and Ministry of Water Resources.

Ⅳ. The national statistics in this annual report do not include the data of Hong Kong, Macao Special Administrative Regions and Taiwan Province.

Ⅴ. Some aggregations or rates/ratios may not add up to the sum of the series because of rounding.

Ⅵ. The notes concerning individual indicators are placed at the lower part.

Ⅶ. The blank used in the yearbook indicates that the statistical indicator value is “0”.

目　录

CONTENTS

一、自然资源概况

Chapter 1　General Situation of Natural Resources

土地利用
Land Use

单位：万公顷

地 区	Region	耕地 Cultivated Land	园地 Garden Land	林地 Forest Land	草地 Grassland
总 计	**Total**	**12860.88**	**1961.09**	**28369.57**	**26321.57**
北 京	Beijing	13.07	10.53	96.32	1.61
天 津	Tianjin	33.67	3.46	14.55	1.42
河 北	Hebei	608.84	95.53	633.39	191.66
山 西	Shanxi	389.35	62.29	609.90	304.66
内蒙古	Inner Mongolia	1161.74	4.92	2435.56	5393.96
辽 宁	Liaoning	516.22	52.59	598.55	47.51
吉 林	Jilin	745.26	8.88	880.48	61.97
黑龙江	Heilongjiang	1716.77	7.42	2161.13	116.95
上 海	Shanghai	16.09	1.41	8.85	1.78
江 苏	Jiangsu	413.96	21.60	79.26	10.54
浙 江	Zhejiang	132.08	68.18	607.90	7.98
安 徽	Anhui	556.35	36.93	404.72	6.61
福 建	Fujian	92.63	92.20	876.96	7.67
江 西	Jiangxi	271.83	58.62	1033.43	10.25
山 东	Shandong	653.93	119.94	244.37	24.37
河 南	Henan	757.96	38.55	429.99	25.05
湖 北	Hubei	475.20	47.44	929.25	9.82
湖 南	Hunan	366.66	90.62	1261.25	14.15
广 东	Guangdong	191.47	128.29	1069.85	24.40
广 西	Guangxi	328.67	162.53	1602.54	28.70
海 南	Hainan	49.48	122.06	114.23	1.83
重 庆	Chongqing	186.96	28.02	467.10	2.75
四 川	Sichuan	525.26	118.54	2538.71	960.71
贵 州	Guizhou	341.52	56.33	1121.36	19.52
云 南	Yunnan	548.45	251.71	2479.76	131.18
西 藏	Xizang	44.53	1.40	1788.50	8003.87
陕 西	Shaanxi	304.06	110.54	1243.65	218.88
甘 肃	Gansu	522.03	41.34	821.89	1403.93
青 海	Qinghai	57.00	5.92	460.40	3943.29
宁 夏	Ningxia	120.73	8.92	98.13	198.06
新 疆	Xinjiang	719.13	104.41	1257.60	5146.50

状况（2023年）
Status（2023）

Unit：10^4hm^2

湿地 Wetland	城镇村及工矿用地 Land Used for Urban, Industrial and Mining Activities	交通运输用地 Land Used for Transport	水域及水利设施用地 Land Used for Water and Conservancy Facilities
2351.98	**3610.37**	**1042.91**	**3626.48**
0.30	29.58	5.22	6.37
3.29	33.29	4.74	23.46
13.59	216.38	43.46	59.08
4.91	102.96	29.73	17.79
379.30	155.68	82.98	109.72
29.40	134.73	31.70	70.12
22.14	86.43	27.72	63.16
347.47	117.72	55.83	172.15
7.07	28.53	3.70	18.53
40.76	205.99	39.21	246.48
15.68	117.94	28.22	68.51
4.03	175.55	33.37	170.91
18.63	73.03	23.52	37.23
22.55	113.37	37.20	108.99
24.55	286.31	48.91	134.61
3.35	247.07	41.50	86.85
4.70	142.83	36.44	194.91
23.09	164.52	39.85	125.02
17.63	184.96	37.43	132.27
12.56	103.46	41.60	75.07
12.15	25.32	6.52	18.40
1.45	64.00	18.46	27.33
122.84	187.21	56.70	108.05
0.70	78.81	37.37	26.49
3.50	111.60	57.38	63.13
429.79	17.63	17.77	594.13
4.59	94.17	32.16	28.31
118.21	88.71	35.83	41.37
510.00	38.42	15.43	245.53
2.54	30.37	10.12	17.07
151.19	153.80	62.84	535.43

耕地面积变化情况（2023年）

Changes in Cultivated Land （2023）

单位：万公顷　　　　Unit：10^4hm^2

地　区	Region	年初耕地面积 Cultivated Land Area at the Beginning of the Year	年内增加耕地面积 Increase of Cultivated Land Area during the Year	年内减少耕地面积 Decrease of Cultivated Land Area during the Year	年末耕地面积 Cultivated Land Area at the End of the Year
总　计	**Total**	**12757.99**	**192.91**	**90.02**	**12860.88**
北　京	Beijing	12.48	0.87	0.28	13.07
天　津	Tianjin	33.24	0.57	0.14	33.67
河　北	Hebei	601.12	12.63	4.91	608.84
山　西	Shanxi	387.05	4.98	2.68	389.35
内蒙古	Inner Mongolia	1156.11	7.46	1.83	1161.74
辽　宁	Liaoning	515.67	2.74	2.20	516.22
吉　林	Jilin	744.43	7.33	6.50	745.26
黑龙江	Heilongjiang	1713.13	6.27	2.64	1716.77
上　海	Shanghai	16.16	0.22	0.28	16.09
江　苏	Jiangsu	409.12	7.93	3.09	413.96
浙　江	Zhejiang	130.48	3.88	2.28	132.08
安　徽	Anhui	555.09	5.94	4.68	556.35
福　建	Fujian	92.09	1.36	0.82	92.63
江　西	Jiangxi	271.28	2.01	1.45	271.83
山　东	Shandong	645.64	13.36	5.07	653.93
河　南	Henan	753.49	9.51	5.04	757.96
湖　北	Hubei	469.80	10.38	4.98	475.20
湖　南	Hunan	365.42	4.34	3.10	366.66
广　东	Guangdong	190.63	2.49	1.65	191.47
广　西	Guangxi	327.97	9.64	8.94	328.67
海　南	Hainan	48.43	1.48	0.43	49.48
重　庆	Chongqing	185.03	4.04	2.12	186.96
四　川	Sichuan	520.99	9.89	5.61	525.26
贵　州	Guizhou	336.61	8.76	3.85	341.52
云　南	Yunnan	528.67	25.29	5.52	548.45
西　藏	Xizang	44.12	0.51	0.11	44.53
陕　西	Shaanxi	298.93	8.53	3.41	304.06
甘　肃	Gansu	519.52	5.82	3.30	522.03
青　海	Qinghai	56.44	0.72	0.16	57.00
宁　夏	Ningxia	120.09	1.31	0.67	120.73
新　疆	Xinjiang	708.78	12.65	2.30	719.13

永久基本农田保护情况（2023年）
Protection of Permanent Prime Farmland （2023）

单位：公顷 Unit：hm^2

地 区	Region	审批占用永久基本农田面积 Approval of the Occupation Permanent Prime Farmland Area	审批补划永久基本农田面积 Approval of the Supplement Permanent Prime Farmland Area
总 计	**Total**	**1665.76**	**1718.78**
北 京	Beijing		
天 津	Tianjin		
河 北	Hebei	204.99	216.28
山 西	Shanxi	25.67	32.11
内蒙古	Inner Mongolia	2.73	2.73
辽 宁	Liaoning	211.77	213.81
吉 林	Jilin	125.51	125.79
黑龙江	Heilongjiang	191.55	196.69
上 海	Shanghai		
江 苏	Jiangsu	185.99	186.90
浙 江	Zhejiang	46.30	47.66
安 徽	Anhui	88.97	90.74
福 建	Fujian	8.02	8.13
江 西	Jiangxi	2.03	2.05
山 东	Shandong	148.16	149.42
河 南	Henan	18.63	19.18
湖 北	Hubei	27.86	29.87
湖 南	Hunan	2.16	2.51
广 东	Guangdong	35.47	35.65
广 西	Guangxi	105.50	111.03
海 南	Hainan	1.72	1.83
重 庆	Chongqing	6.00	6.33
四 川	Sichuan	52.20	54.58
贵 州	Guizhou	10.09	10.37
云 南	Yunnan	15.31	17.19
西 藏	Xizang		
陕 西	Shaanxi	0.76	0.88
甘 肃	Gansu	147.49	156.17
青 海	Qinghai		
宁 夏	Ningxia	0.90	0.91
新 疆	Xinjiang		

矿产资源储量（2023年）

Reserves of Mineral Resources（2023）

矿 种	Mineral	单位	Unit	储量 Reserve
煤炭	Coal	亿吨	10^8 t	2185.70
石油	Oil	亿吨	10^8 t	剩余探明技术可采储量：38.51
天然气	Natural Gas	亿立方米	10^8 m^3	剩余探明技术可采储量：67424.52
铁矿	Iron	矿石 亿吨	10^8 t of Ore	169.17
锰矿	Manganese	矿石 万吨	10^4 t of Ore	26129.79
钒矿	Vanadium	V_2O_5 万吨	V_2O_5 10^4 t	1029.82
铜矿	Copper	铜 万吨	Copper 10^4 t	4064.79
铅矿	Lead	铅 万吨	Lead 10^4 t	2487.45
锌矿	Zinc	锌 万吨	Zinc 10^4 t	5992.71
铝土矿	Bauxite	矿石 万吨	10^4 t of Ore	70752.22
钨矿	Tungsten	WO_3 万吨	WO_3 10^4 t	285.11
锡矿	Tin	锡 万吨	Tin 10^4 t	117.44
钼矿	Molybdenum	钼 万吨	Molybdenum 10^4 t	780.56
锑矿	Antimony	锑 万吨	Antimony 10^4 t	82.74
金矿	Gold	金 吨	Gold t	3203.77
银矿	Silver	银 吨	Silver t	66866.44
菱镁矿	Magnesite	矿石 万吨	10^4 t of Ore	69521.05
普通萤石①	Fluorite	折氟化钙 万吨	Converted into CaF_2 10^4 t	10690.01
硫铁矿	Pyrite	矿石 万吨	10^4 t of Ore	104666.05
磷矿	Phosphate Rock	矿石 亿吨	10^8 t of Ore	34.41
钾盐	Potash	KCl 万吨	KCl 10^4 t	33200.80
盐矿②	Salt	折氯化钠 亿吨	Converted ino NaCl 10^8 t	155.35
芒硝③	Mirabilite （Glauberite）	折硫酸钠 亿吨	Converted into Na_2SO_4 10^8 t	9.21
重晶石	Barite	矿石 万吨	10^4 t of Ore	12068.88
高岭土	Kaolin	矿石 万吨	10^4 t of Ore	72147.37
晶质石墨	Graphite	晶质石墨 万吨	Graphite 10^4 t	10040.01
滑石	Talc	矿石 万吨	10^4 t of Ore	4843.89

注：① 普通萤石：矿石量按64%折算。

② 盐矿：矿石量按82%折算。

③ 芒硝：矿石量按32.3%折算。

Notes：① Fluorite: the ore amount is converted at 64%.

② Salt: the ore amount is converted at 82%.

③ Mirabilite （Glauberite）: the ore is converted at 32.3%.

水资源情况（2023年）
Water Resources（2023）

指 标	Indicator	单位	Unit	数量 Quantity
水资源总量	**Total Water Resources**	**亿立方米**	**10^8m^3**	**25782.50**
地表水资源量	Surface Water Resources	亿立方米	10^8m^3	24633.50
地下水资源量	Groundwater Resources	亿立方米	10^8m^3	7807.10
地下水与地表水资源不重复量	Nonoverlapped Measurement between Surface Water Resources and Groundwater Resources	亿立方米	10^8m^3	1149.00

注：水资源总量数据摘自《2023年中国水资源公报》。
Note：Data of Total Water Resources are extracted from *China Water Resources Bulletin* 2023.

全民所有自然资源资产情况（2023年）

State-owned Natural Resources Assets （2023）

指 标	Indicator	计量单位	Unit	数量 Quantity
全民所有土地	**State-owned Land**	**万公顷**	**$10^4 hm^2$**	**52371.40**
耕地	Cultivated Land	万公顷	$10^4 hm^2$	1975.67
园地	Garden Land	万公顷	$10^4 hm^2$	235.47
林地	Forest Land	万公顷	$10^4 hm^2$	11342.15
草地	Grassland	万公顷	$10^4 hm^2$	19637.10
湿地	Wetland	万公顷	$10^4 hm^2$	2171.03
建设用地	Land for Construction	万公顷	$10^4 hm^2$	1839.37
其他	Others	万公顷	$10^4 hm^2$	15170.61
主要矿产资源	**Main Mineral Resources**			
石油（剩余探明技术可采储量）	Oil（Remaining Proved Technical Recoverable Reserves）			
期初量	Quantity at the Beginning of the Period	亿吨	$10^8 t$	38.06
期内变化量	Change during the Period	亿吨	$10^8 t$	0.45
期末量	Quantity at the End of the Period	亿吨	$10^8 t$	38.51
天然气（剩余探明技术可采储量）	Natural Gas（Remaining Proved Technical Recoverable Reserves）			
期初量	Quantity at the Beginning of the Period	亿立方米	$10^8 m^3$	65690.12
期内变化量	Change during the Period	亿立方米	$10^8 m^3$	1734.40
期末量	Quantity at the End of the Period	亿立方米	$10^8 m^3$	67424.52
煤炭	Coal			
期初量	Quantity at the Beginning of the Period	亿吨	$10^8 t$	2070.12
期内变化量	Change during the Period	亿吨	$10^8 t$	115.58
期末量	Quantity at the End of the Period	亿吨	$10^8 t$	2185.70
铁矿	Iron			
期初量	Quantity at the Beginning of the Period	矿石 亿吨	10^8 t of Ore	162.46
期内变化量	Change during the Period	矿石 亿吨	10^8 t of Ore	6.71
期末量	Quantity at the End of the Period	矿石 亿吨	10^8 t of Ore	169.17
铜矿	Copper			
期初量	Quantity at the Beginning of the Period	铜 万吨	Copper $10^4 t$	4077.18
期内变化量	Change during the Period	铜 万吨	Copper $10^4 t$	-12.39
期末量	Quantity at the End of the Period	铜 万吨	Copper $10^4 t$	4064.79
铝土矿	Bauxite			
期初量	Quantity at the Beginning of the Period	矿石 万吨	10^4 t of Ore	67552.60
期内变化量	Change during the Period	矿石 万吨	10^4 t of Ore	3199.62
期末量	Quantity at the End of the Period	矿石 万吨	10^4 t of Ore	70752.22
金矿	Gold			
期初量	Quantity at the Beginning of the Period	金 吨	Gold t	3127.46
期内变化量	Change during the Period	金 吨	Gold t	76.31
期末量	Quantity at the End of the Period	金 吨	Gold t	3203.77
钨矿	Tungsten			
期初量	Quantity at the Beginning of the Period	WO_3 万吨	WO_3 $10^4 t$	299.56
期内变化量	Change during the Period	WO_3 万吨	WO_3 $10^4 t$	-14.45
期末量	Quantity at the End of the Period	WO_3 万吨	WO_3 $10^4 t$	285.11
锡矿	Tin			
期初量	Quantity at the Beginning of the Period	锡 万吨	Tin $10^4 t$	100.49
期内变化量	Change during the Period	锡 万吨	Tin $10^4 t$	16.95

全民所有自然资源资产情况（2023年） 续表
State-owned Natural Resources Assets（2023） Continued

指　标	Indicator	计量单位	Unit	数量 Quantity
期末量	Quantity at the End of the Period	锡 万吨	Tin 10^4 t	117.44
钼矿	Molybdenum			
期初量	Quantity at the Beginning of the Period	钼 万吨	Molybdenum 10^4 t	590.05
期内变化量	Change during the Period	钼 万吨	Molybdenum 10^4 t	190.51
期末量	Quantity at the End of the Period	钼 万吨	Molybdenum 10^4 t	780.56
锑矿	Antimony			
期初量	Quantity at the Beginning of the Period	锑 万吨	Antimony 10^4 t	66.69
期内变化量	Change during the Period	锑 万吨	Antimony 10^4 t	16.05
期末量	Quantity at the End of the Period	锑 万吨	Antimony 10^4 t	82.74
磷矿	Phosphate Rock			
期初量	Quantity at the Beginning of the Period	矿石 亿吨	10^8 t of Ore	36.90
期内变化量	Change during the Period	矿石 亿吨	10^8 t of Ore	-2.49
期末量	Quantity at the End of the Period	矿石 亿吨	10^8 t of Ore	34.41
钾盐	Potash			
期初量	Quantity at the Beginning of the Period	KCl 万吨	KCl 10^4 t	28788.70
期内变化量	Change during the Period	KCl 万吨	KCl 10^4 t	4412.10
期末量	Quantity at the End of the Period	KCl 万吨	KCl 10^4 t	33200.80
晶质石墨	Graphite			
期初量	Quantity at the Beginning of the Period	矿物 万吨	10^4 t of Minerals	8100.80
期内变化量	Change during the Period	矿物 万吨	10^4 t of Minerals	1939.21
期末量	Quantity at the End of the Period	矿物 万吨	10^4 t of Minerals	10040.01
普通萤石	Fluorite			
期初量	Quantity at the Beginning of the Period	折氟化钙 万吨	Converted into CaF_2 10^4 t	8592.06
期内变化量	Change during the Period	折氟化钙 万吨	Converted into CaF_2 10^4 t	2097.95
期末量	Quantity at the End of the Period	折氟化钙 万吨	Converted into CaF_2 10^4 t	10690.01
水资源	**Water Resources**	**亿立方米**	**10^8 m^3**	**25782.5**
地表水资源量	Surface Water Resources	亿立方米	10^8 m^3	24633.5
地下水资源量	Groundwater Resources	亿立方米	10^8 m^3	7807.1
地下水与地表水资源不重复量	Nonoverlapped Measurement between Surface Water Resources and Groundwater Resources	亿立方米	10^8 m^3	1149.0
海洋资源	**Marine Resources**			
管辖海域	Jurisdictional Seas	平方千米	km^2	约 300 万
海岛	Sea Island	个	number	11000 多
海岸线	Coastline	千米	km	约 3.2 万

不动产登记
Real Estate

地 区	Region	不动产登记业务总量/件 Total Amount of Real Estate Registration/piece							
			首次登记 First Registration	转移登记 Transfer Registration	变更登记 Modification Registration	注销登记 Cancellation Registration	更正登记 Correction Registration	异议登记 Objection Registration	预告登记 Advance Notice Registration
总 计	**Total**	**108753211**	**46147261**	**29900517**	**4737661**	**11569196**	**3027512**	**3386**	**8693613**
北 京	Beijing	1136126	272559	521019	35583	190289	9710	1126	16343
天 津	Tianjin	1276520	372182	428360	47670	230477	25155	167	99296
河 北	Hebei	6105366	3751099	1266919	229966	394333	167590	89	169993
山 西	Shanxi	1546191	601571	512731	63285	83201	44541	27	203848
内蒙古	Inner Mongolia	2609544	895725	699356	275605	298663	102812	66	177737
辽 宁	Liaoning	3086935	846456	1209234	75806	447534	35809	18	154799
吉 林	Jilin	2130791	849926	680245	112814	212688	22957	13	89815
黑龙江	Heilongjiang	1695183	486764	766599	69389	202178	17183	49	61264
上 海	Shanghai	1151479	316918	422344	72833	231714	649	68	79052
江 苏	Jiangsu	9712091	4412334	2521359	391830	1102299	110061	143	490772
浙 江	Zhejiang	4843597	1808798	1780321	274895	438001	45526	41	339063
安 徽	Anhui	5180247	3088525	1128361	70347	441552	40163	60	244144
福 建	Fujian	2400959	707974	954582	113330	247166	10644	30	282454
江 西	Jiangxi	2747423	1026446	782168	69973	447177	83807	30	209959
山 东	Shandong	7636862	2867910	2609765	233327	988652	63410	157	630942
河 南	Henan	8554565	3917153	1679417	381410	752055	689198	87	854819
湖 北	Hubei	4341102	1938769	1074044	160072	606369	55696	123	309459
湖 南	Hunan	5728771	2619499	1213515	256030	571237	405346	189	460703
广 东	Guangdong	10860528	4325364	2406847	369736	1993759	152228	481	1012007
广 西	Guangxi	4761934	1881505	1035904	357904	540149	535031	58	292068
海 南	Hainan	620943	216352	190604	55800	27577	22974	18	60432
重 庆	Chongqing	2374599	641903	965976	114191	563	12581	89	495897
四 川	Sichuan	7507842	3852061	1832034	523622	374516	94310	32	612740
贵 州	Guizhou	2808967	1620891	558614	86745	64448	42051	59	357691
云 南	Yunnan	1780504	586975	674840	151058	196989	22241	41	87957
西 藏	Xizang	47591	31822	9195	3336	346	1046		560
陕 西	Shaanxi	2367596	1061600	710548	20980	166774	22596	20	339884
甘 肃	Gansu	1479105	625435	398431	33520	115311	83439	51	197148
青 海	Qinghai	322285	88742	116189	15591	58607	5525	3	28315
宁 夏	Ningxia	455000	70048	243733	8849	10620	10392	24	91486
新 疆	Xinjiang	1482565	363955	507263	62164	133952	92841	27	242966

注：不动产登记统计数据来源于国家级不动产登记信息管理基础平台。

Note: The statistic data of real estate registration are derived from the National Base Platform for Real Estate Registration Information Management.

情况（2023年）
Registration（2023）

		不动产登记证明量/本 Total Amount of Real Estate Registration Certificate/number				
查封登记 Seal-up Registration	其他 Others		抵押权登记证明 Mortgage Registration Certificate	地役权登记证明 Easement Registration Certificate	异议登记证明 Objection Registration Certificate	预告登记证明 Advance Notice Registration Certificate
3842407	**836175**	**30201560**	**20980638**	**12**	**3095**	**9217815**
67306	22191	295200	278177		970	16053
73213		325069	226141		118	98810
101683	23694	1044134	838275	2	84	205773
23101	13886	490751	233646		25	257080
94938	64642	554694	378014		64	176616
259218	58061	673102	515664		16	157422
88073	74260	521686	430718		13	90955
68854	22903	318430	272068		48	46314
27901		398386	315040		63	83283
573398	109895	2692584	2219832	2	125	472625
127224	29728	2163365	1686982		40	476343
142758	24337	1104023	850578		53	253392
70302	14477	1079477	780795		30	298652
105438	22425	902957	686497	1	31	216428
215806	26893	2418241	1693514	4	166	724557
242391	38035	2117387	1268222		96	849069
112694	83876	1168162	777190		116	390856
188972	13280	1384607	918736		159	465712
600106		3538667	2500288	1	429	1037949
89728	29587	1054665	715978		87	338600
41301	5885	228623	153190		21	75412
80933	62466	1042637	573615		89	468933
186868	36176	1655325	1000749		34	654542
66429	12039	669346	312692		59	356595
42653	17750	468238	376161		41	92036
226	1060	5507	4935			572
36044	9150	717829	364679		17	353133
24947	823	416651	220143		49	196459
5936	3377	75113	43233		3	31877
18876	972	211729	124491		24	87214
65090	14307	464975	220395	2	25	244553

不动产登记
Real Estate

不动产权证书量/本

地区	Region		集体土地所有权 Collective Ownership of Land	国有建设用地使用权 State-owned Construction Land Use Right	集体建设用地使用权 Collective-owned Construction Land Use Right	宅基地使用权 Homestead Use Right
总计	**Total**	**69337972**	**3813297**	**391720**	**27483**	**3201350**
北京	Beijing	568435	1265	32		
天津	Tianjin	600223	5913	1852	50	29
河北	Hebei	4529736	92822	21468	2324	1102859
山西	Shanxi	1141769	138561	4726	2673	20659
内蒙古	Inner Mongolia	1456698	145473	13236	229	2010
辽宁	Liaoning	1457074	55214	3845	94	14998
吉林	Jilin	1297779	88392	5948	28	2409
黑龙江	Heilongjiang	1038636	38337	11068	59	201
上海	Shanghai	497611	4131	866	127	
江苏	Jiangsu	5249243	42112	12838	2154	164
浙江	Zhejiang	4077005	234101	10705	487	1802
安徽	Anhui	3893479	351001	9559	1299	12562
福建	Fujian	1235703	79189	4118	186	9182
江西	Jiangxi	1570015	12599	10864	461	111
山东	Shandong	4792550	182025	22793	3666	264861
河南	Henan	4974944	408206	30303	1180	25831
湖北	Hubei	3064447	95747	10767	1173	4721
湖南	Hunan	3316743	394938	14340	657	250
广东	Guangdong	6256009	27263	27770	2978	30601
广西	Guangxi	3008822	64605	78303	1595	703047
海南	Hainan	320303	21289	9777	179	3491
重庆	Chongqing	1167797	64531	7289	1	140
四川	Sichuan	5759114	630206	13656	1848	697228
贵州	Guizhou	1972056	133252	11792	1404	243851
云南	Yunnan	1488694	99310	12959	338	18866
西藏	Xizang	45280	5962	374	33	30
陕西	Shaanxi	2056371	240521	7130	472	3238
甘肃	Gansu	1098204	107880	8907	916	13480
青海	Qinghai	154546	6802	835	182	801
宁夏	Ningxia	420301	6869	1698	162	394
新疆	Xinjiang	828385	34781	21902	528	23534

情况（2023年） 续表
Registration （2023） Continued

Total Amount of Real Estate Ownership Certificate/number					
国有建设用地使用权/房屋所有权 State-owned Construction Land Use Right/Housing Ownership	集体建设用地使用权/建筑物、构筑物所有权 Collective-owned Construction Land Use Right/Building (Structure) Ownership	宅基地使用权/房屋所有权 Homestead Use Right/ Building Ownership	海域使用权（无居民海岛） Sea Area Use Right (Uninhabited Islands)	海域使用权（无居民海岛）/建筑物、构筑物所有权 Sea Area Use Right (Uninhabited Island) / Building (Structure) Ownership	国有农用地的使用权（非林地） Use Right of State-owned Agricultural Land (Non-forest Land)
47493707	**131108**	**13829840**	**6184**	**88**	**7656**
567138					
591093	267	949	70		
1626674	458	1682103	115		308
773981	1911	198550			
1032671	679	259303			696
1339842	180	35540	2809		46
1077767	262	121245			117
950049	1029	34169			8
492487					
4877829	24028	288415	506		35
3589081	997	233768	517	7	
2027736	806	1489400			1
1111338	1175	23169	463		
1413324	2941	111708			12
3545096	11857	761059	1090	81	13
2926357	3637	1578827			193
2090992	4517	852574			262
1750579	10759	1137269			188
4719966	7885	1427994	335		255
1458925	6680	692575	213		347
249107	199	34847	66		23
1095831		5			
2598526	37995	1428221			5
997410	1055	583284			
1303274	1952	44977			694
20622	529	17657			2
1442748	1977	355881			
641567	5208	319832			163
112947	627	32346			
402875	488	7809			
665875	1010	76364			4288

主要统计指标解释

永久基本农田 指为保障国家粮食安全，按照一定时期人口和经济社会发展对农产品的需求，依据国土空间规划确定的不得占用的耕地。永久基本农田一经划定，任何单位和个人不得擅自占用或改变用途。

水资源总量 指当地降水形成的地表和地下产水总量，即地表径流量与降水入渗补给量之和。

地表水资源量 指河流、湖泊以及冰川等地表水体中可以逐年更新的动态水量，即天然河川径流量。

地下水资源量 指地下饱和含水层逐年更新的动态水量，即降水和地表水入渗对地下水的补给量。

不动产登记业务总量 指办理首次登记、转移登记、变更登记、注销登记、更正登记、异议登记、预告登记、查封登记的件数。

不动产登记证明量 指不动产登记机构依法向权利人颁发的不动产权证明数量。

首次登记 指办理首次登记的件数。

转移登记 指办理转移登记的件数。

变更登记 指办理变更登记的件数。

注销登记 指办理注销登记的件数。

更正登记 指办理更正登记的件数。

异议登记 指办理异议登记的件数。

预告登记 指办理预告登记的件数。

查封登记 指办理查封登记的件数。

不动产权证书量 指不动产登记机构依法向权利人颁发的不动产权证书数量。

Explanatory Notes on Main Statistical Indicators

Permanent Prime Farmland—the cultivated land that cannot be occupied according to the demand of population and economic and social development for agricultural products in a certain period and the land space planning in order to ensure national food security. Once permanent prime farmland is demarcated, no units or individuals may occupy or change its use without authorization.

Total Water Resources—total volume of surface water and groundwater which is from the local precipitation and is measured as the summation of run–off for surface water and recharge of groundwater from local precipitation.

Surface Water Resources—total volume of year renewable water flow which exist in rivers, lakes, glaciers and other surface water, and measured as the natural run–off of rivers.

Groundwater Resources—total volume of yearly renewable water flow which exist in saturation aquifers of groundwater, and are measured as recharge of groundwater from local precipitation and surface water.

Total Amount of Real Estate Registration—the amount of handling first registration, transfer registration, modification registration, cancellation registration, correction registration, objection registration, advance notice registration and seal–up registration.

Total Amount of Real Estate Registration Certificate—the number of real estate ownership proofs issued by the real estate registration authority to the obligee according to law.

First Registration—the number of handling first–time registration.

Transfer Registration—the number of handling transfer registration.

Modification Registration—the number of handling change registration.

Cancellation Registration—the number of handling cancellation registration.

Correction Registration—the number of handling correction registration.

Objection Registration—the number of handling dissidence registration.

Advance Notice Registration—the number of handling advance notice registration.

Seal-up Registration—the number of handling seal–up registration.

Total Amount of Real Estate Ownership Certificate—the number of real estate ownership certificates issued by the real estate registration authority to the obligee according to law.

二、自然资源开发利用

Chapter 2 Development and Utilization of Natural Resources

土地资源

Land Resources

国有建设用地供应情况
State-owned Land for Construction Use

地 区	Region	建设用地供应总量 Total Amount of Construction-use Land Supplied		划拨 Allocation				
		宗地数/宗 Number of Plot/plot	面积/公顷 Area/hm²	宗地数/宗 Number of Plot/plot	面积/公顷 Area/hm²	宗地数/宗 Number of Plot/plot	面积/公顷 Area/hm²	成交价款/亿元 Transaction Price/10⁸ Yuan
	2021	**230087**	**690267.36**	**85540**	**379775.33**	**143844**	**307476.98**	**77186.95**
	2022	**235061**	**765185.54**	**108161**	**453553.71**	**125837**	**307586.08**	**60536.81**
	2023	**200087**	**748929.76**	**89736**	**490999.04**	**109631**	**254989.88**	**50593.01**
北 京	Beijing	1603	3907.51	605	3171.93	981	699.32	2088.31
天 津	Tianjin	1720	3643.48	1203	2458.51	517	1184.97	677.50
河 北	Hebei	12100	37714.78	5937	21643.35	6134	15970.04	2069.62
山 西	Shanxi	3432	12785.29	1538	7352.66	1893	5430.76	489.05
内蒙古	Inner Mongolia	7545	29528.55	2355	13240.10	5156	15955.45	374.56
辽 宁	Liaoning	3096	10596.35	1211	6661.56	1876	3904.64	427.52
吉 林	Jilin	7773	13443.03	1589	10567.20	6166	2775.44	406.94
黑龙江	Heilongjiang	2169	12013.39	952	9533.96	1160	2106.00	112.91
上 海	Shanghai	954	2864.63	560	1461.62	394	1403.01	3406.64
江 苏	Jiangsu	11261	42101.47	4330	19451.18	6926	22634.86	9376.86
浙 江	Zhejiang	11698	29285.27	6008	15788.46	5677	13434.59	5594.90
安 徽	Anhui	9501	39277.21	4973	24902.93	4519	14360.69	1768.10
福 建	Fujian	3549	13910.00	1759	8705.00	1789	5203.03	1590.92
江 西	Jiangxi	7404	21955.72	3489	11477.41	3903	10420.33	1490.20
山 东	Shandong	13361	48386.81	5294	23577.95	8051	24740.19	3753.28
河 南	Henan	11078	42689.93	6492	30281.90	4460	12221.99	1609.03
湖 北	Hubei	9293	30666.23	3066	17489.43	6196	13169.32	2151.95
湖 南	Hunan	12905	25603.97	3047	16726.53	9827	8738.09	1868.84
广 东	Guangdong	12559	34660.34	6833	22853.43	5604	11404.85	3475.00
广 西	Guangxi	12014	47327.53	6482	40364.04	5504	6903.04	510.27
海 南	Hainan	827	3707.63	353	2676.98	474	1030.65	411.56
重 庆	Chongqing	2396	16799.71	1366	12688.45	1026	4105.46	715.74
四 川	Sichuan	8962	45577.71	4599	33286.12	4349	12221.94	2793.99
贵 州	Guizhou	7823	22662.61	2951	13823.00	4845	8734.79	1073.26
云 南	Yunnan	6144	21233.24	2702	16210.15	3409	4872.00	370.55
西 藏	Xizang	1238	16717.42	839	16219.09	393	495.11	16.75
陕 西	Shaanxi	3568	24446.11	1438	18308.51	2129	6130.85	1382.55
甘 肃	Gansu	3716	20874.47	2329	15209.15	1353	5425.85	211.45
青 海	Qinghai	754	3587.55	456	2970.57	296	607.79	9.05
宁 夏	Ningxia	957	5387.92	501	3777.96	455	1602.66	67.90
新 疆	Xinjiang	8687	65573.91	4479	48119.93	4169	17102.17	297.77

——按供地方式和地区分列
Supplied by Land Supply Way and Region

出让 Granting						租赁 Lease			其他供地方式 Other Land Supply Ways		
协议出让 Granting by Contract			"招拍挂"出让 Granting through Bidding, Auction and Listing								
宗地数/宗 Number of Plot/plot	面积/公顷 Area/hm^2	成交价款/亿元 Transaction Price/10^8yuan	宗地数/宗 Number of Plot/plot	面积/公顷 Area/hm^2	成交价款/亿元 Transaction Price/10^8yuan	宗地数/宗 Number of Plot/plot	面积/公顷 Area/hm^2	租金/万元 Rent/10^4yuan	宗地数/宗 Number of Plot/plot	面积/公顷 Area/hm^2	收入/万元 Income/10^4yuan
47522	**27300.60**	**3214.67**	**96322**	**280176.38**	**73972.28**	**637**	**2445.54**	**248125.64**	**66**	**569.50**	**728400.09**
39733	**39820.00**	**4081.10**	**86104**	**267766.09**	**56455.71**	**964**	**3472.41**	**379678.83**	**99**	**573.37**	**368951.38**
35503	**31898.96**	**3766.14**	**74128**	**223090.92**	**46826.86**	**546**	**2547.37**	**116826.20**	**174**	**393.47**	**267311.24**
860	155.04	155.83	121	544.28	1932.49	17	36.26	15675.71			
246	59.78	16.79	271	1125.19	660.71						
1272	2955.79	169.61	4862	13014.25	1900.02	29	101.39	3358.92			
110	269.44	9.63	1783	5161.32	479.42	1	1.87	225.00			
2538	4477.34	55.49	2618	11478.11	319.07	34	333.00	7866.31			
681	481.31	48.34	1195	3423.33	379.18	9	30.15	6747.51			
5332	762.17	140.41	834	2013.28	266.53	18	100.39	1311.75			
422	580.11	11.91	738	1525.90	101.00	56	366.18	5302.24	1	7.24	5036.00
90	369.67	963.03	304	1033.34	2443.61						
1195	777.71	272.45	5731	21857.16	9104.41	5	15.43	327.79			
653	856.54	101.05	5024	12578.06	5493.85	11	61.12	7154.90	2	1.09	10032.95
278	500.99	67.60	4241	13859.71	1700.50	9	13.58	943.73			
155	447.49	122.51	1634	4755.54	1468.42	1	1.96	120.00			
102	122.73	6.71	3801	10297.59	1483.48	12	57.98	6249.58			
1823	6174.96	428.39	6228	18565.23	3324.89	16	68.68	4814.44			
780	1173.15	90.19	3680	11048.85	1518.84	1	4.06	370.00	125	181.98	95801.00
2315	1061.24	140.94	3881	12108.08	2011.01	31	7.48	1071.54			
5825	638.18	76.04	4002	8099.91	1792.79	11	53.72	1247.07	20	85.62	17368.25
2571	1967.24	548.85	3033	9437.61	2926.15	121	401.51	24922.19	1	0.55	231.09
3325	1349.62	59.23	2179	5553.42	451.05	7	22.47	1434.21	21	37.98	75363.85
86	58.59	3.91	388	972.06	407.66						
21	21.67	2.65	1005	4083.79	713.10	4	5.79	1439.86			
900	515.86	85.51	3449	11706.08	2708.48	13	51.12	796.13	1	18.53	45000.00
522	519.52	19.42	4323	8215.27	1053.84	27	104.82	382.01			
1248	262.45	13.68	2161	4609.54	356.87	33	151.09	5376.09			
158	84.36	7.85	235	410.75	8.90	6	3.23	28.46			
381	841.67	35.10	1748	5289.18	1347.45	1	6.75	377.15			
242	1535.01	74.90	1111	3890.84	136.55	31	179.01	5374.19	3	60.46	18478.11
172	243.72	2.32	124	364.07	6.73	2	9.19	258.51			
76	33.45	1.56	379	1569.21	66.34	1	7.29	306.36			
1124	2602.17	34.25	3045	14500.00	263.53	39	351.81	13344.56			

国有建设用地供应情况

State-owned Land for Construction Use

单位：公顷

地区	Region	建设用地供应总量 Total Amount of Construction-use Land Supplied	工矿仓储用地 Land for Industry, Mining and Warehousing Uses	工业、仓储用地 Land for Industry and Warehousing Uses	商业服务业用地 Land for Commercial and Service Uses	住宅 Land for
	2021	**690267.36**	**174795.95**	**166666.89**	**35581.82**	**100599.66**
	2022	**765185.54**	**198156.18**	**182464.88**	**30934.12**	**79165.08**
	2023	**748929.76**	**174575.00**	**156535.43**	**25943.67**	**58511.87**
北　京	Beijing	3907.51	308.12	308.12	69.29	536.43
天　津	Tianjin	3643.48	733.83	729.84	39.56	371.72
河　北	Hebei	37714.78	10274.33	9547.55	1287.88	3916.70
山　西	Shanxi	12785.29	3690.08	3564.27	568.83	808.59
内蒙古	Inner Mongolia	29528.55	13777.56	10594.03	743.94	957.58
辽　宁	Liaoning	10596.35	2735.25	2403.78	571.86	519.89
吉　林	Jilin	13443.03	1730.04	1535.72	255.28	792.32
黑龙江	Heilongjiang	12013.39	2699.61	1745.32	199.57	376.06
上　海	Shanghai	2864.63	542.04	542.04	82.18	671.27
江　苏	Jiangsu	42101.47	11729.25	11729.25	2464.28	7635.88
浙　江	Zhejiang	29285.27	8867.66	8840.96	1120.92	3607.29
安　徽	Anhui	39277.21	10307.96	10230.67	911.74	2943.68
福　建	Fujian	13910.00	3253.92	3224.14	464.94	1121.60
江　西	Jiangxi	21955.72	6002.08	5995.42	1474.42	2463.38
山　东	Shandong	48386.81	13217.05	12161.84	2395.51	5153.73
河　南	Henan	42689.93	7001.74	6959.54	1075.69	3376.22
湖　北	Hubei	30666.23	7695.38	7640.53	1563.82	3139.97
湖　南	Hunan	25603.97	4212.64	4188.18	1293.64	2805.82
广　东	Guangdong	34660.34	9493.21	9470.86	1271.81	2398.59
广　西	Guangxi	47327.53	5068.65	5049.56	613.72	1133.10
海　南	Hainan	3707.63	412.97	412.97	195.01	366.33
重　庆	Chongqing	16799.71	2482.57	2397.55	454.76	990.53
四　川	Sichuan	45577.71	6445.91	6433.51	1845.15	3712.02
贵　州	Guizhou	22662.61	3935.70	3917.18	1684.44	3060.69
云　南	Yunnan	21233.24	3430.86	3429.68	573.36	1019.64
西　藏	Xizang	16717.42	347.00	259.04	108.21	112.10
陕　西	Shaanxi	24446.11	8211.48	3611.84	544.08	1681.99
甘　肃	Gansu	20874.47	6821.02	3808.21	620.23	726.97
青　海	Qinghai	3587.55	547.89	547.89	44.84	64.65
宁　夏	Ningxia	5387.92	1430.25	1159.97	90.28	197.90
新　疆	Xinjiang	65573.91	17168.99	14095.96	1314.42	1849.22

——按用地类型和地区分列
Supplied by Land-use Type and Region

Unit：hm^2

用地 Residential Use	基础设施等其他用地 Land for Infrastructure and Other Uses					
普通商品住房用地 Land for Ordinary Commercial Housing Use		公共管理与公共服务用地 Land for Public Management and Public Service Uses	特殊用地 Land for Special Use	交通运输用地 Land for Transport Use	水域及水利设施用地 Land for Water Conservancy Facility Use	其他土地 Land for Other Uses
83230.53	**379289.93**	**108724.24**	**3889.81**	**216831.31**	**49661.48**	**183.09**
56913.89	**456930.15**	**133738.32**	**4453.20**	**271203.86**	**46488.24**	**1046.47**
44437.89	**489899.22**	**103485.50**	**4567.37**	**313470.98**	**67829.37**	**546.00**
255.46	2993.68	744.34		2242.65	6.68	
346.23	2498.38	960.38	4.87	1530.73	2.40	
2760.16	22235.87	7081.00	63.66	11515.38	3571.95	3.89
709.00	7717.79	2581.88	144.88	4835.28	155.60	0.16
810.43	14049.47	3676.90	255.11	10026.43	90.31	0.71
494.60	6769.35	2152.67	61.62	4527.44	27.62	
629.29	10665.39	2255.40	22.40	8249.62	137.96	
314.15	8738.15	1150.72	45.76	5981.78	1558.80	1.08
424.43	1569.13	558.22	0.67	759.66	250.58	
6209.93	20272.06	3999.14	130.92	15189.03	952.98	
2232.22	15689.40	4638.35	95.72	9742.51	1212.82	
2105.63	25113.83	5233.60	161.81	17545.98	2171.84	0.59
880.96	9069.53	2317.35	83.22	5393.77	1275.19	
2030.39	12015.83	4484.97	157.64	6998.42	374.80	
4260.59	27620.52	5267.45	198.86	17390.87	4763.34	
2688.99	31236.29	7356.17	112.19	21212.74	2550.12	5.07
2758.94	18267.06	3714.47	164.94	14191.15	196.49	
2384.54	17291.88	2955.41	118.49	12449.01	1768.96	
1885.31	21496.73	5280.42	185.05	15815.52	174.73	41.02
625.67	40512.07	3637.83	194.41	17090.97	19577.83	11.03
202.50	2733.31	413.93	20.10	2050.39	248.89	
929.39	12871.85	3079.08	23.53	9162.73	594.35	12.16
3008.23	33574.63	6542.09	61.36	21441.25	5515.33	14.60
2227.35	13981.77	3906.97	313.70	8582.13	1178.87	0.10
670.43	16209.38	2549.14	121.60	13199.12	303.28	36.24
65.52	16150.11	624.21	1011.88	2772.99	11545.68	195.35
1129.92	14008.55	2409.29	116.86	5977.92	5504.48	
449.71	12706.25	1727.97	72.14	10442.76	463.39	
30.34	2930.17	957.40	15.99	1884.52	72.27	
172.45	3669.49	924.17	34.74	2661.40	49.01	0.17
745.14	45241.28	10304.58	573.23	32606.82	1532.82	223.83

主要统计指标解释

建设用地供应总量 指报告期内市、县人民政府根据年度土地供应计划，依法以出让、划拨、租赁等方式将国有建设用地使用权提供给单位或个人使用的国有建设用地总量。

宗地数 指报告期内供应的国有建设用地的宗数。

面积 指报告期内市、县人民政府供应给单位或个人使用的国有建设用地总面积。

划拨 指县级以上人民政府依法批准，在土地使用者缴纳补偿、安置费用后将该幅土地交付其使用，或者将国有建设用地使用权无偿交付给土地使用者使用的行为。

协议出让 指国家以协议方式将国有建设用地使用权在一定年限内出让给土地使用者，由土地使用者向国家支付国有建设用地使用权出让金的行为。

招标出让 指市、县人民政府自然资源主管部门发布招标公告或者发出投标邀请书，邀请特定或不特定的法人、自然人和其他组织参加国有建设用地使用权投标，根据投标结果确定土地使用者的行为。

拍卖出让 指市、县人民政府自然资源主管部门发布拍卖公告，由竞买人在指定时间、指定地点进行公开竞价，根据出价结果确定土地使用者的行为。

挂牌出让 指市、县人民政府自然资源主管部门发布挂牌公告，按公告规定期限将拟出让宗地的交易条件在指定的土地交易场所挂牌公布，接受竞买人的报价申请并更新挂牌价格，根据挂牌期限截止时的出价结果（或现场竞价结果）确定土地使用者的行为。

租赁 指国家依法将国有建设用地出租给土地使用者使用，由土地使用者与县级以上人民政府自然资源管理部门签订一定年限的土地租赁合同，并支付租金的行为。

其他供地方式 指除划拨、出让、租赁以外的其他供地方式，如作价出资入股、授权经营等。

成交价款 指市、县人民政府以协议、招标、拍卖、挂牌等方式出让国有建设用地使用权的实际交易合同金额。

租金 指承租方为取得国有建设用地使用权而向国家支付的价款。以报告期实际收入数为准。

用地类型 见第三次全国国土调查工作分类中的建设用地类型。

普通商品住房用地 指报告期内出让用于普通商品住房建设的建设用地。

Explanatory Notes on Main Statistical Indicators

Total Amount of Construction-use Land Supplied—the total amount of state-owned construction-use land whose use right is provided by the people's government of a city or county to a unit or an individual during the reporting period in the way of granting, allocation or lease according to the annual land supply plan.

Number of Plot—the number of plots of state-owned construction-use land supplied during the reporting period.

Area—the total area of state-owned land for construction supplied to a unit or an individual by the people's government of a city or county during the reporting period.

Allocation—the act through which the people's government at and above the county level assigns a plot of land to the land user after he pays land compensation and resettlement subsidies or assigns state-owned land use right to the land user without compensation. This act is approved by the people's government at and above the county level according to law.

Granting by Contract—the act through which the state assigns the land user the right to the use of state-owned construction-use land for a certain period of time in the way of agreement, and the land user shall pay the state the grant fees for the state-owned construction-use land use right.

Granting through Bidding—the act through which the land administration department of the people's government at the city or county level issues a notice of invitation for bid to invite specially or not specially designated legal persons, natural persons and other organizations to participate in the bidding of the state land use right, and the land user is determined according to the result of the bidding.

Granting through Auction—the act through which the natural resources administration department of the people's government at the city or county level issues a notice of invitation for auction, and the bidders participate in open competition at the prescribed time and locality and the land user is determined according to the result of the price offer.

Granting through Listing—the act through which the natural resources administration department of the people's government at the city or county level issues a notice of listing, draws up the transaction terms of granting land plots in the time limit prescribed by the notice, lists them in public in a land transaction house, receives the offer applications of the bidders, and renews the listed prices accordingly, and the land user is determined according to the price offer (or the result of on-the-spot price competition) at the closing time of the listing time limit.

Lease—the act through which the state leases state-owned construction-use land to a land user, and the land user enters into a land leasing contract with the land administration department of the people's government at and above the county level for a fixed number of years and pays rent.

Other Land Supply Ways—the ways other than allocation, granting, and lease, e.g. investment as a shareholder with state–owned land rights and authorized operations of land.

Transaction Price—the total amount of actual transaction price of state–owned construction–use land granted by the people's government of a city or county in the ways of agreement, bidding, auction, and listing.

Rent—the amount payable by a lessee to the state for a rental period in order to acquire the granted state–owned construction–use land use right. The rent shall be based on the actual income obtained during the reporting period.

Land-use Type—see the types of construction–use land in the third national land survey.

Land for Ordinary Commercial Housing Use—the construction–use land used for ordinary commercial house construction assigned during the reporting period.

矿产资源

Mineral Resources

全国地质勘查单位人员

National Employees and Assets of

地区	Region	年末在职职工/人 On-the-job Employee at the Year End/person	地质勘查人员 Geological Exploration Personnel	技术人员 Technical Personnel	高级 Senior	中级 Inter-mediate	工程勘察与施工人员 Personnel Engaging in Project Investigation and Construction	矿产开发人员 Personnel Engaging in Mining Exploration	其他人员 Other Personnel	从业人员平均数/人 Average Employee/ person	劳动者报酬/万元 Remuneration of Labor/ 10^4 yuan
总 计	**Total**	**415335**	**168718**	**145094**	**53481**	**65119**	**83682**	**12198**	**150737**	**421994**	**5763824.73**
北 京	Beijing	15951	6892	5395	2559	2141	2424	257	6378	16550	309780.53
天 津	Tianjin	3438	1424	1417	647	601	598	161	1255	3587	60150.26
河 北	Hebei	30554	14972	12371	4324	5149	5078	849	9655	30352	354369.92
山 西	Shanxi	14603	6374	5323	1730	2529	4325	570	3334	14856	156705.12
内蒙古	Inner Mongolia	7865	3915	3186	979	1523	922	327	2701	8529	90656.11
辽 宁	Liaoning	15287	5408	4724	1806	2365	3845	722	5312	15364	160215.74
吉 林	Jilin	8515	3906	3120	1195	1431	1143	231	3235	8554	82071.21
黑龙江	Heilongjiang	10906	4946	3968	1604	1811	1120	142	4698	10989	112746.50
上 海	Shanghai	3325	683	610	269	272	916		1726	3433	81695.90
江 苏	Jiangsu	8505	4505	3776	1775	1499	2425	136	1439	8574	149186.60
浙 江	Zhejiang	25608	5134	4135	1243	1915	11273	337	8864	25943	290618.30
安 徽	Anhui	13450	6552	5145	1851	2343	2335	375	4188	13434	184510.87
福 建	Fujian	14756	5459	4813	1522	2447	3427	195	5675	15073	242841.31
江 西	Jiangxi	21862	9638	7634	2553	3529	5573	300	6351	22666	265585.19
山 东	Shandong	15126	8124	6774	2560	2930	2113	286	4603	15154	229672.11
河 南	Henan	10360	6182	5610	1860	2834	1257	421	2500	10585	123992.71
湖 北	Hubei	27558	8350	7321	2545	3789	9537	318	9353	28642	578934.93
湖 南	Hunan	13376	4449	4431	1734	2110	2474	505	5948	13496	146986.41
广 东	Guangdong	6869	3966	3913	1530	1546	1121	145	1637	7124	162284.02
广 西	Guangxi	11200	4133	3806	1254	1754	1087	322	5658	11286	136990.26
海 南	Hainan	1116	675	652	285	300	146	32	263	1081	13959.92
重 庆	Chongqing	13363	3466	3042	1397	1135	3406	301	6190	13350	209751.54
四 川	Sichuan	28347	12347	10727	4623	4191	3029	1019	11952	28368	463890.42
贵 州	Guizhou	10087	4230	3881	1585	1590	1333	261	4263	10265	121906.06
云 南	Yunnan	13225	5481	4725	1946	2034	2417	797	4530	13703	174430.95
西 藏	Xizang	1640	796	743	209	310	121	28	695	1704	31527.33
陕 西	Shaanxi	41050	13150	11687	4028	5678	6950	2261	18689	41104	427012.55
甘 肃	Gansu	13836	5907	5678	1588	2470	2020	516	5393	13947	176407.95
青 海	Qinghai	5052	2920	2752	758	1305	683	132	1317	5266	83871.69
宁 夏	Ningxia	2044	1215	804	259	378	132	17	680	2067	30078.31
新 疆	Xinjiang	6461	3519	2931	1263	1210	452	235	2255	6948	110994.01

及资产情况（2023年）

Geological Exploration Agency（2023）

离退休人员 Retiree		总资产/万元 Total Asset/10^4 yuan			负债总计/万元 Total Debt/10^4 yuan	净资产/万元 Net Asset/10^4 yuan	存货/万元 Stock/10^4 yuan	固定资产原价/万元 Fixed Asset Cost/10^4 yuan	累计折旧/万元 Accumulated Depreciation/10^4 yuan	
年末人数/人 Number of Retirees at the Year End/person	总费用/万元 Total Expenditure/10^4 yuan		地质勘查设备原值 Original Value of Special Instrument and Equipment for Geological Exploration	地勘专用仪器设备净值 Net Value of Special Instrument and Equipment for Geological Exploration						本年折旧 Depreciation in This Year
367440	**890512.87**	**75049416.25**	**2548348.13**	**993363.14**	**38802605.23**	**36246811.02**	**3781988.98**	**13781214.69**	**5621428.66**	**1022334.96**
7514	12531.65	4838279.37	213986.22	124745.10	2453727.72	2384551.65	352193.94	1031410.31	427989.40	128971.64
3051	3705.64	456850.28	23635.98	5119.52	76561.90	380288.38	9843.06	115038.47	59951.77	1173.32
23725	85479.00	3350049.92	217868.50	70842.56	1962219.68	1387830.24	221593.43	749712.73	406061.04	46766.42
10374	8505.82	1847820.13	99981.25	36629.51	1204720.01	643100.12	48751.30	273947.36	144199.86	38377.71
12214	13318.95	3917737.85	135143.28	52754.33	2140679.33	1777058.52	86885.35	431290.68	209831.63	82755.21
20533	11442.34	2574855.25	86167.32	28670.10	1109901.83	1464953.42	75008.67	493864.70	204346.50	46010.50
13007	24928.58	906007.32	59305.26	21515.44	372758.55	533248.77	55889.17	268669.37	105509.62	9059.17
14436	63113.82	948554.65	70943.93	17737.27	325116.15	623438.50	40494.50	385011.73	191559.81	13914.97
734	1628.36	475886.42	23129.10	4728.71	267686.99	208199.43	22451.61	114868.73	40268.56	9030.70
8609	23167.64	1860993.05	91203.77	39808.49	894993.54	965999.51	103974.84	288251.48	130954.99	23097.12
8900	20118.48	2790892.92	55944.80	28899.09	1805264.46	985628.46	303286.14	382680.60	165354.94	67977.17
16684	63236.14	2413810.51	88669.37	41854.62	1075795.93	1338014.58	73561.74	332174.25	122110.78	11797.93
9037	24379.84	1832181.39	66771.49	19691.96	712260.81	1119920.58	103366.98	361914.57	125149.97	18136.98
21208	41660.96	3954110.02	40044.95	16674.83	2537220.94	1416889.08	256463.57	409017.80	147279.51	25712.89
13379	36665.92	2663462.95	277533.82	122686.96	1247153.27	1416309.68	40891.89	726903.29	314226.60	24356.40
11680	15727.99	946302.63	88396.68	41064.80	422652.02	523650.61	26336.96	245628.30	73631.66	7617.50
18220	23202.57	7450542.41	96212.02	35706.57	4163522.55	3287019.86	178087.66	802766.98	202424.02	70362.97
19552	49760.04	874350.23	43346.86	12805.56	261553.64	612796.59	40089.39	293682.80	120158.54	2452.17
10339	70962.42	1161667.16	29127.97	8601.51	330669.41	830997.75	20955.74	367460.35	193233.84	2783.46
11097	16260.23	1259805.05	62206.91	23687.95	792222.20	467582.85	65247.27	350584.81	118761.80	40712.54
245	1231.14	30130.20	5292.36	965.19	13118.19	17012.01	341.94	11182.31	7894.08	865.76
4172	7864.55	3984548.79	40914.25	22507.82	2785259.68	1199289.11	184703.17	373405.01	118460.41	91578.57
24471	46455.43	4561772.20	162078.03	54469.22	2782314.51	1779457.69	278057.49	900774.10	434226.08	31830.98
13543	32283.88	1794823.43	35786.04	10159.11	742920.40	1051903.03	87095.19	700235.94	114841.64	8652.51
14592	46289.28	2749176.99	33318.84	9402.77	1663931.04	1085245.95	361202.51	827057.04	434499.00	72056.87
2190	221.56	1330374.21	4041.28	1428.37	131614.54	1198759.67	4933.29	253313.39	111679.88	9512.48
21685	45083.98	9250498.41	218695.54	82502.75	4889838.77	4360659.64	505739.62	1299613.04	488479.83	105429.27
11048	30692.76	1699656.03	48920.13	20903.54	710738.07	988917.96	54598.73	267046.83	119581.19	18409.41
8161	52297.82	1084438.52	42619.49	9672.22	295007.25	789431.27	155220.63	283949.81	114137.06	4711.19
3694	5534.32	129479.89	20197.40	7270.40	22241.85	107238.04	2359.42	84504.75	31760.75	2245.84
9346	12761.76	1910358.07	66865.29	19856.87	608940.00	1301418.07	22363.78	355253.16	142863.90	5975.31

全国地质勘查企业单位

National Revenue and Expenditure of

单位：万元

地区	Region	总收入 Total Income							
			勘查业收入 Income of Geological Exploration Industry				矿业权转让收入 Income from Mining Right Transfer	工程勘察与施工收入 Income from Project Investigation and Construction	矿产开发收入 Income from Mining Exploration
				中央财政 Central Finance	地方财政 Local Finance	非财政 Non-financial			
总计	**Total**	**31211888.55**	**4040762.49**	**159228.86**	**1006930.04**	**2874603.59**	**63794.02**	**17739080.12**	**1105372.80**
北京	Beijing	2167845.63	308958.11	10905.19	98674.81	199378.11		1062066.23	27916.57
天津	Tianjin	100227.37	2917.67	540.39		2377.28		56018.38	
河北	Hebei	1328220.93	349692.53	21994.46	13637.54	314060.53		744569.27	9206.00
山西	Shanxi	994142.05	346375.94	7830.06	95900.21	242645.67		510025.57	9613.06
内蒙古	Inner Mongolia	422478.45	124369.20	16099.66	22516.99	85752.55	660.38	37466.39	20095.89
辽宁	Liaoning	1071512.99	139432.38	355.45	29855.54	109221.39	941.21	769730.27	5799.70
吉林	Jilin	215469.94	29432.85	1285.22	20317.41	7830.22	20266.71	55796.84	874.87
黑龙江	Heilongjiang	164619.92	15165.31		2806.85	12358.46	1873.46	63003.12	
上海	Shanghai	269882.89	44194.91		7476.00	36718.91		129885.50	
江苏	Jiangsu	543004.78	106879.77	2412.00	13890.34	90577.43		380548.53	
浙江	Zhejiang	2361918.29	196877.26	336.00	108053.88	88487.38		1676389.47	49860.97
安徽	Anhui	293749.69	58268.10	3.00	468.85	57796.25	8.00	160343.33	6207.00
福建	Fujian	961665.65	75542.17	2352.02	19412.81	53777.34	15846.63	747725.13	
江西	Jiangxi	1602548.91	227479.29	9248.22	130392.82	87838.25		1253135.46	10959.00
山东	Shandong	678265.38	161208.22		54798.39	106409.83		348543.12	
河南	Henan	207592.93	119750.06		31823.63	87926.43	17.55	37593.93	
湖北	Hubei	4287191.03	307012.44	19252.42	48149.48	239610.54	275.27	3265049.79	
湖南	Hunan	22217.96	2607.74		550.00	2057.74		17121.70	236.00
广东	Guangdong	88852.86	39673.15	1410.20	13599.46	24663.49		44915.27	
广西	Guangxi	357592.78	43986.41	12301.14	8667.13	23018.14		219476.66	11523.70
海南	Hainan	23781.63	4017.25		15.00	4002.25		15759.73	
重庆	Chongqing	3888727.77	95852.31	1494.90	61859.73	32497.68		3750895.65	2228.15
四川	Sichuan	985184.26	201201.23	5827.19	61182.06	134191.98		618441.21	24692.11
贵州	Guizhou	296764.77	83582.17	9.00	13933.87	69639.30		110627.64	144.39
云南	Yunnan	2751083.87	97014.47	2509.49	34603.61	59901.37	628.00	198127.29	478592.92
西藏	Xizang	189588.95	1265.43		725.59	539.84			47966.59
陕西	Shaanxi	4395393.72	735976.07	31503.63	90084.21	614388.23	8690.11	1189788.57	354857.35
甘肃	Gansu	303888.75	70092.85	7960.23	11051.78	51080.84	14301.92	159861.39	6435.53
青海	Qinghai	106822.02	14960.75	1993.99	6506.33	6460.43		66572.03	
宁夏	Ningxia	10778.30	9444.14			9444.14			
新疆	Xinjiang	120874.08	27532.31	1605.00	5975.72	19951.59	284.78	49602.65	38163.00

经费收支情况（2023年）

Geological Exploration Enterprise Agency（2023）

Unit：10^4 yuan

					成本总额 Total Cost		
营业外收入 Non-operating Income			投资收益 Income from Investment	其他收入 Other Incomes		地质勘查成本 Cost of Geological Exploration	矿产开发成本 Cost of Mining Exploration
	中央财政补助收入 Subsidy Income from Central Finance	地方财政补助收入 Subsidy Income from Local Finance					
129318.81	**8156.37**	**40443.41**	**659772.91**	**7473787.40**	**29088537.88**	**3483132.21**	**805624.27**
11819.34	2233.25	467.15	30519.31	726566.07	2097501.58	358635.00	15681.75
202.48			731.09	40357.75	73802.28	1897.79	528.79
3184.03	340.74	333.36	3488.20	218080.90	1619354.45	307165.48	9108.99
10328.01	1210.36	3116.56	4327.82	113471.65	954427.09	269304.02	9415.60
6901.48		551.81	121415.54	111569.57	348089.94	114591.70	9479.93
5093.73	1452.01	1520.15	389.05	150126.65	1000736.58	117336.82	6514.59
516.90	97.00	40.80		108581.77	209178.16	20107.99	1592.22
2629.63	1000.39	407.88	13.25	81935.15	157381.69	16209.53	4.00
2339.24		386.00	1204.27	92258.97	223647.38	33676.28	
13961.02	479.00	12686.50	383.56	41231.90	506077.93	92515.48	
4068.97		461.94	−231.68	434953.30	2308863.44	191805.40	35138.55
116.43	2.00	28.00	586.23	68220.60	266250.91	37989.42	4568.00
1664.04		684.60	894.38	119993.30	906772.56	58569.60	9236.90
1825.17		810.05	2781.72	106368.27	1552395.63	172025.19	9515.91
4899.69		72.30	1759.16	161855.19	634738.09	156502.63	2780.69
17477.30		10626.49	5092.00	27662.09	203048.79	110914.94	
1676.89	214.45	451.42	25581.50	687595.14	3729688.75	246033.14	419.00
21.52		21.33		2231.00	22188.64	2053.67	138.00
524.25		371.05		3740.19	86129.85	34703.02	
1944.95	980.56	30.72	16155.50	64505.56	324456.00	37632.92	10048.93
122.92			48.60	3833.13	22007.76	2772.13	
2273.96		207.70	1129.27	36348.43	3701551.66	79482.47	2125.34
1974.97		598.11	2459.03	136415.71	939825.53	158102.11	15481.97
2697.07		581.46	3000.42	96713.08	295781.06	84365.71	115.00
605.84	5.72	25.32	41054.25	1935061.10	2574047.39	81280.27	287241.86
15658.75			123421.26	1276.92	54700.80	1328.17	30230.14
13430.08	140.89	5729.49	273773.42	1818878.12	3767719.17	587483.76	320009.53
203.90		48.47	1095.52	51897.64	293439.27	57370.63	4703.74
265.21		136.75	−871.00	25895.03	100474.48	17915.45	
1.20			1332.96		10578.64	8946.75	
889.84		48.00	−1761.72	6163.22	103682.38	24414.74	21544.84

全国地质勘查事业单位

National Revenue and Expenditure of

单位：万元

地区	Region	总收入 Total Income					
			事业收入 Unit Income	经营收入 Operating Income	地质勘查业收入 Income of Geological Exploration Industry	地质专项拨款 Geological Special Fund	
						中央财政 Central Finance	地方财政 Local Finance
总　计	**Total**	**8281995.93**	**2530836.21**	**2140025.20**	**5984844.36**	**328018.28**	**613040.33**
北　京	Beijing	375068.20	105416.50	32697.54	325342.88	43068.37	16945.39
天　津	Tianjin	96659.82	23696.57	11772.99	78294.23	10865.71	119.91
河　北	Hebei	541381.79	84054.53	65248.64	485680.88	19111.36	49068.13
山　西	Shanxi	5890.71	1096.58	5638.96	4961.31	3234.00	573.00
内蒙古	Inner Mongolia	67795.28	36187.72	19359.73	54020.60	31812.89	2479.19
辽　宁	Liaoning	27304.65	21092.34	3688.40	23653.65	8891.92	971.60
吉　林	Jilin	189493.02	81116.16	27016.51	123433.70	669.00	5836.44
黑龙江	Heilongjiang	283369.98	37625.35	95291.34	170984.11	3568.89	18860.87
上　海	Shanghai	13385.00	2107.00	4799.00	9987.00	72.00	1638.00
江　苏	Jiangsu	326138.23	38356.57	144351.03	185096.13	14944.00	45740.08
浙　江	Zhejiang	133876.02	25567.77	13263.77	116511.10	3281.50	10725.42
安　徽	Anhui	495988.59	105604.21	152749.85	313411.63	638.71	23512.53
福　建	Fujian	222931.51	70579.75	20344.78	164956.98	24878.01	11721.07
江　西	Jiangxi	395833.68	183897.47	104706.53	335859.24		27420.78
山　东	Shandong	592553.55	260832.52	40507.71	477071.16	2553.35	21347.53
河　南	Henan	249449.02	88068.58	129762.88	207464.02	4832.91	4578.10
湖　北	Hubei	416717.59	110426.74	61611.39	220214.72	1997.48	23450.42
湖　南	Hunan	546469.99	190200.89	254186.65	374898.56	10477.76	20906.52
广　东	Guangdong	550772.53	215089.58	89130.47	358635.61	60956.50	13279.54
广　西	Guangxi	179859.52	40094.35	9169.27	134419.93	4129.28	10416.74
海　南	Hainan	17534.89	2274.88	2463.69	17520.50	29.00	1619.39
重　庆	Chongqing	156126.98	128619.77	6502.64	60574.21		13612.88
四　川	Sichuan	575521.12	184759.73	223893.85	405966.04	19059.70	52222.04
贵　州	Guizhou	268939.57	108557.92	47103.19	224501.79	5718.00	31831.67
云　南	Yunnan	140553.03	51403.25	33940.36	107820.19	3504.41	9933.37
西　藏	Xizang	104066.54	17635.81	57320.63	92627.21		15818.93
陕　西	Shaanxi	145425.21	27133.53	54915.00	91180.88	25230.65	9567.15
甘　肃	Gansu	490738.75	111601.62	162926.33	286927.92	2400.00	63248.94
青　海	Qinghai	241937.17	71964.66	58811.93	182381.33	2175.29	52598.00
宁　夏	Ningxia	99267.56	41941.46	7127.75	95241.62	15.00	40024.87
新　疆	Xinjiang	330946.43	63832.40	199722.39	255205.23	19902.59	12971.83

经费收支情况（2023年）
Geological Exploration Institution（2023）

Unit：10^4 yuan

							费用总计 Total Cost		
地质勘探费 Geological Exploration Fee		矿产勘查劳务收入 Income from Mineral Exploration Service	矿业权转让收入 Income from Mining Right Transfer	工程勘察与施工收入 Income from Project Investigation and Construction	矿产开发收入 Income from Mining Exploration	其他收入 Other Incomes		地质勘查费用 Cost of Geological Exploration	矿产开发费用 Cost of Mining Exploration
中央财政 Central Finance	地方财政 Local Finance								
565093.70	**2755591.36**	**1723100.69**	**43783.42**	**1117858.06**	**135657.78**	**999852.31**	**7875134.45**	**2834483.73**	**116534.73**
157286.57	49950.71	58091.84		11848.63		37876.69	345396.16	173454.49	
20514.52	29132.59	17661.50		5029.68		13335.91	81872.75	41253.08	
53124.19	279807.09	84570.11		14191.59	6036.69	35472.63	528261.34	199043.05	3757.31
606.00	548.31			490.58	115.36	323.46	6136.03	3391.31	88.15
9712.11	5765.95	4250.46		10658.57	120.00	2996.11	66180.30	39471.02	
10111.87	1949.74	1728.52			261.08	3389.92	26825.12	20291.53	
6501.48	91603.16	18823.62		62798.84		3260.48	169712.68	30534.22	
28234.21	96233.55	24086.59	2710.60	22816.87		86858.40	245223.18	51951.35	
	4350.00	3927.00				3398.00	13972.00	5126.00	
6217.45	77413.94	40780.66		120946.53	2450.00	17645.57	292057.51	87782.15	2056.00
2274.94	84988.01	15241.23	597.76	12438.17		4328.99	132937.28	42380.96	
22202.17	160634.31	106423.91	31594.04	107235.38		43747.54	483032.97	155579.75	
26783.02	67687.37	33887.51		18695.03	1342.89	37936.61	209311.05	80992.66	
941.00	242688.46	64809.00	2530.92	29856.00	7676.18	19911.34	353824.77	70483.49	903.56
29408.11	185503.78	238258.39		25315.18		90167.21	559464.70	272426.45	
5272.54	96093.24	96687.23		24622.73		17362.27	232137.81	117756.16	151.01
19949.98	95832.20	78984.64		109002.39	2444.13	85056.35	391513.77	111384.76	601.80
14119.44	211920.15	117474.69		105377.24	13457.90	52736.29	505059.16	151384.23	11650.63
35002.23	187397.57	61999.77	754.72	104010.12	7430.09	79941.99	541688.57	167499.57	7063.15
10068.55	81498.06	28307.30		25455.93		19983.66	182886.25	42217.27	1.28
	13235.07	2637.04				14.39	18296.08	8729.46	
	22756.87	24204.46		15135.24		80417.53	148255.58	34293.42	
33413.97	154419.69	146850.64		81389.30	745.68	87420.10	566105.05	173311.52	196.66
3449.67	108328.83	75173.62		28957.54	1934.78	13545.46	260678.93	115581.72	1005.18
17137.88	31576.84	45667.69		14225.42		18507.42	135713.38	62789.43	
1859.45	39388.63	35560.20		8712.91		2726.42	89888.89	34889.31	
23392.31	19913.74	13077.03	255.00	19465.26		34524.07	146245.74	62643.02	
1753.96	132427.45	87097.57		54856.92	87618.00	61335.91	478444.04	154109.99	85577.00
14251.33	71688.71	41668.00		45254.66		14301.18	237526.87	98590.02	707.00
472.00	49594.41	5135.34		658.00		3367.94	98574.95	47013.20	
11032.75	61262.93	150035.13	5340.38	38413.35	4025.00	27962.47	327911.54	178129.14	2776.00

地质勘查投入和新发现矿产

Input in Geological Exploration and Newly

地区	Region	地质勘查经费/万元 Geological Exploration Fund/10^4 yuan				
			中央财政 Central Finance	地方财政 Local Finance		国内企事业资金 Fund from Domestic Enterprise and Institution
	2021	**9728648.61**	**499528.73**	**764364.70**	**8464755.18**	**8437009.43**
	2022	**10102264.37**	**468543.51**	**844083.21**	**8789637.65**	**8768339.68**
	2023	**11381947.58**	**462302.37**	**850331.64**	**10069313.57**	**10053882.30**
北京	Beijing	63396.73	13531.31	12426.26	37439.16	37439.16
天津	Tianjin	549641.93	2675.65	2803.04	544163.24	544163.24
河北	Hebei	239910.16	9239.74	53690.91	176979.51	176928.32
山西	Shanxi	198806.25	4421.00	36094.83	158290.42	158290.42
内蒙古	Inner Mongolia	395525.46	53183.16	65107.54	277234.76	276276.29
辽宁	Liaoning	142399.75	5600.23	13803.91	122995.61	122995.61
吉林	Jilin	169011.72	5848.00	8989.80	154173.92	154092.92
黑龙江	Heilongjiang	327563.15	8500.00	16046.12	303017.03	303017.03
上海	Shanghai	188333.25	80.00	2662.30	185590.95	185590.95
江苏	Jiangsu	174505.61	2838.56	23511.05	148156.00	147910.88
浙江	Zhejiang	37573.84	6798.45	21979.19	8796.20	8413.90
安徽	Anhui	58601.30	1791.01	17766.56	39043.73	38178.48
福建	Fujian	33642.50	16456.28	10819.20	6367.02	5061.44
江西	Jiangxi	68784.83	12476.41	20007.53	36300.89	36150.89
山东	Shandong	740889.88	12237.36	25957.47	702695.05	702105.47
河南	Henan	88325.16	9005.22	20255.60	59064.34	59064.34
湖北	Hubei	186850.83	13188.99	52218.53	121443.31	121151.41
湖南	Hunan	79236.84	22936.44	31470.70	24829.70	23118.90
广东	Guangdong	783588.35	33128.76	49505.36	700954.23	700556.23
广西	Guangxi	73464.62	9489.69	33000.66	30974.27	29870.85
海南	Hainan	347808.48	6349.00	4611.88	336847.60	336847.60
重庆	Chongqing	472904.90	4578.49	24920.86	443405.55	443405.55
四川	Sichuan	1327802.85	10641.80	34022.35	1283138.70	1282711.00
贵州	Guizhou	115864.89	6382.46	43511.46	65970.97	63906.67
云南	Yunnan	80067.20	11772.73	29394.35	38900.12	38130.91
西藏	Xizang	83185.59	35629.53	10421.14	37134.92	36753.95
陕西	Shaanxi	802168.36	12123.90	33096.54	756947.92	755540.02
甘肃	Gansu	495638.99	17750.98	64763.15	413124.86	412749.86
青海	Qinghai	302893.99	21089.78	30293.54	251510.67	251346.89
宁夏	Ningxia	132952.28	289.45	27749.11	104913.72	104913.72
新疆	Xinjiang	2566749.50	38410.60	29430.70	2498908.20	2497198.40
全国及跨省勘查项目	Nationwide and Cross-provincial Survey Projects	53857.39	53857.39			

地情况——按地区分列

Discovered Mineral Prospects by Region

企事业资金 Fund from Enterprise and Institution			机械岩芯钻探工作量/米 Footage of Core Drilling/m	坑探工作量/米 Footage of Pitting/m	新发现矿产地/个 Newly Discovered Mineral Prospect/number
港澳台商投资 Investment from Hong Kong, Macao and Taiwan	外商投资 Foreign Investment	其他投资 Other Investment			
193.00		**27552.75**	**6366909.10**	**139546.30**	**95**
		21297.97	**6874291.70**	**234869.80**	**132**
		15431.27	**9058935.90**	**106504.70**	**124**
			200.00		
		51.19	243732.40	15284.20	2
			188467.10		2
		958.47	1453013.10	2444.00	2
			185299.40		1
		81.00	139097.00		2
			220708.60		6
		245.12	25596.50		
		382.30	124151.30	3022.20	
		865.25	549336.50	780.00	1
		1305.58	119660.10	777.00	1
		150.00	519189.50	17464.90	24
		589.58	131592.60		2
			191093.80	1033.00	4
		291.90	163785.50	6645.50	5
		1710.80	395847.10	3400.00	11
		398.00	308311.10	300.00	14
		1103.42	418906.20	2648.80	2
			6308.70		2
			25407.40		
		427.70	385240.50	1463.90	18
		2064.30	529978.00	1239.00	
		769.21	297231.70	21195.70	3
		380.97	121010.20		
		1407.90	169060.10	15141.10	
		375.00	514465.10	8671.30	2
		163.78	191609.30	250.80	4
			175154.00		
		1709.80	1265483.10	4743.30	16

地质勘查投入和新发现矿产地

Input in Geological Exploration and Newly

矿种	Mineral	地质勘查经费/万元 Geological Exploration Fund/10^4 yuan				
			中央财政 Central Finance	地方财政 Local Finance		国内企事业资金 Fund from Domestic Enterprise and Institution
总　计	**Total**	**11381947.58**	**462302.37**	**850331.64**	**10069313.57**	**10053882.30**
煤炭	Coal	197238.67		55245.70	141992.97	140448.93
石油、天然气、煤层气、页岩气	Oil, Natural Gas, Coalbed Methane, Shale Gas	9374789.00			9374789.00	9374789.00
天然沥青	Natural Asphalt	1580.00			1580.00	1580.00
油页岩	Oil Shale	497.76		90.10	407.66	407.66
石煤	Bone Coal	1923.74		1030.74	893.00	844.00
铀矿	Uranium	117974.37	115342.78	2631.59		
地热	Geotherm	21483.68		11415.40	10068.28	8945.88
铁矿	Iron	55153.93		25194.02	29959.91	28120.31
锰矿	Manganese	7143.09		4832.93	2310.16	2310.16
铬矿	Chromium	1033.22		212.00	821.22	821.22
钒矿	Vanadium	4299.68		2745.04	1554.64	864.76
钛矿	Titanium	2390.51		2190.51	200.00	200.00
铜矿	Copper	87078.38		33726.20	53352.18	52618.01
铅锌矿	Lead and Zinc	86339.87		17126.92	69212.95	68598.47
铝土矿	Bauxite	27001.64		18166.28	8835.36	8784.86
镁矿	Magnesium	80.00			80.00	80.00
镍矿	Nickel	10432.28		3460.46	6971.82	6971.82
钴矿	Cobalt	3926.49		3504.18	422.31	422.31
钨矿	Tungsten	18640.90		8409.94	10230.96	10227.96
锡矿	Tin	5220.71		2408.28	2812.43	2777.43
钼矿	Molybdenum	9550.11		6217.60	3332.51	3332.51
锑矿	Antimony	8401.02		3097.33	5303.69	4496.27
铂矿	Platinum	342.81		342.81		
金矿	Gold	140350.89	8395.00	61496.27	70459.62	69892.91
银矿	Silver	16144.13		8154.09	7990.04	7988.04
铌钽矿	Niobium-Tantalum	4504.38		2102.18	2402.20	2402.20
铍矿	Beryllium	3620.88		2420.96	1199.92	1199.92
锂矿	Lithium	29586.66		17074.79	12511.87	12511.87
铷矿	Rubidium	392.49		392.49		
锆矿	Zirconium	282.65		282.65		
稀土	Rare Earth Elements	9663.02		8030.09	1632.93	1632.93

情况——按矿种分列（2023年）
Discovered Mineral Prospects by Mineral（2023）

企事业资金 Fund from Enterprise and Institution			机械岩芯钻探工作量/米 Footage of Core Drilling/m	坑探工作量/米 Footage of Pitting/m	新发现矿产地/个 Newly Discovered Mineral Prospect/number
港澳台商投资 Investment from Hong Kong, Macao and Taiwan	外商投资 Foreign Investment	其他投资 Other Investment			
		15431.27	**9058935.90**	**106504.70**	**124**
		1544.04	1798441.70		4
			1047.00		
		49.00	14189.80		
			962479.70		
		1122.40	81958.30		5
		1839.60	587880.50	13704.20	2
			28018.20	1273.00	1
			5470.80		
		689.88	24411.90		
			17186.80		
		734.17	491372.10	4274.60	4
		614.48	689410.90	21735.30	
		50.50	272616.90		1
			3765.40		1
			236858.30		1
			10814.10		1
		3.00	136376.30	28068.50	3
		35.00	40150.60	1263.80	1
			57975.20		
		807.42	63621.60	2040.40	
			647.10		
		566.71	984807.80	17887.80	4
		2.00	163293.40	686.50	
			25211.20		
			8803.70		
			382932.30		4
			2253.50		
			102223.10		

地质勘查投入和新发现矿产地情况

Input in Geological Exploration and Newly Discovered

矿 种	Mineral	地质勘查经费/万元 Geological Exploration Fund/10^4 yuan				
			中央财政 Central Finance	地方财政 Local Finance		国内企事业资金 Fund from Domestic Enterprise and Institution
锗矿	Germanium	531.92		531.92		
铼矿	Rhenium	574.78		574.78		
硒矿	Selenium	32.73		32.73		
菱镁矿	Magnesite	1775.00			1775.00	1775.00
普通萤石	Fluorite	23143.83		12357.74	10786.09	10756.59
熔剂用灰岩	Limestone for Flux	7543.21		3700.40	3842.81	3782.81
冶金用白云岩	Metallurgical Dolomite	2954.13		2068.68	885.45	885.45
冶金用石英岩	Metallurgical Quartzite	4997.73		3076.51	1921.22	1460.06
冶金用砂岩	Metallurgical Sandstone	195.00			195.00	195.00
铸型用砂岩	Foundry Sandstone	624.40		604.40	20.00	20.00
冶金用脉石英	Metallurgical Vein Quartz	2028.85		661.02	1367.83	1367.83
溶剂用蛇纹岩	Serpentinite for Flux					
硫铁矿	Pyrite	1262.01		889.01	373.00	373.00
磷矿	Phosphate Rock	19943.43		10166.26	9777.17	7773.47
钾盐	Potash	8307.77		8133.31	174.46	174.46
钠硝石	Nitratine	1399.41			1399.41	1399.41
明矾石	Alunite					
重晶石	Barite	2001.44		429.00	1572.44	1572.44
毒重石	Witherite	446.26		446.26		
电石用灰岩	Limestone for Calcium Carbide	64.98			64.98	64.98
制碱用灰岩	Limestone for Making Alkali	128.30		128.30		
化工用白云岩	Dolomite for Chemical Industry	1053.99		706.77	347.22	347.22
含钾岩石	Potassium-bearing Rock	230.00			230.00	230.00
化肥用蛇纹岩	Serpentinite for Fertilizer	268.99		148.90	120.09	120.09
泥炭	Peat	20.00		20.00		
矿盐	Salt	15036.50		11620.56	3415.94	3345.64
硼矿	Boron	6079.20		2628.91	3450.29	3450.29
金刚石原生矿	Natural Diamond	318.14		310.14	8.00	8.00
电气石	Tourmaline	90.00			90.00	90.00
石榴子石	Garnet	245.12			245.12	
方解石	Calcite	2018.75		666.70	1352.05	1039.05
光学萤石	Optical Fluorite	234.22		112.22	122.00	122.00
玛瑙	Agate	867.85		867.85		
硅灰石	Wollastonite	490.49		223.79	266.70	114.70

——按矿种分列（2023年） 续表1
Mineral Prospects by Mineral （2023） Continued 1

企事业资金 Fund from Enterprise and Institution			机械岩芯钻探工作量/米 Footage of Core Drilling/m	坑探工作量/米 Footage of Pitting/m	新发现矿产地/个 Newly Discovered Mineral Prospect/ number
港澳台商投资 Investment from Hong Kong, Macao and Taiwan	外商投资 Foreign Investment	其他投资 Other Investment			
			4529.60		
			4233.00		
			180.00		
			3950.50		
		29.50	199507.10	4860.40	6
		60.00	72965.00		1
			15697.60		1
		461.16	26253.20		2
			1234.80		
			3495.60		
			10897.50	587.50	
			715.00		
			6192.30	39.00	1
		2003.70	150483.20	7992.50	3
			21924.80		1
			3109.00	1147.30	
			33709.90		
			3117.60		
			553.00		
			1406.10		1
			6612.30		1
			986.10		
			1498.90		1
		70.30	37766.70		2
			21959.80		
			2391.80		
			1000.00		
		245.12	4535.60		
		313.00	29306.80		
			1903.70		
			1506.20	63.90	
		152.00	4305.20		1

地质勘查投入和新发现矿产地情况

Input in Geological Exploration and Newly Discovered

矿 种	Mineral	地质勘查经费/万元 Geological Exploration Fund/10^4 yuan				
			中央财政 Central Finance	地方财政 Local Finance		国内企事业资金 Fund from Domestic Enterprise and Institution
滑石	Talc	894.02		606.23	287.79	287.79
长石	Feldspar	4869.59		810.86	4058.73	4058.73
叶蜡石	Pyrophyllite	216.00		8.00	208.00	208.00
高岭土	Kaolin	1973.47		367.05	1606.42	1495.92
陶瓷用砂岩	Sandstone for Ceramics	542.18		169.00	373.18	373.18
陶瓷土	Ceramic Clay	4894.01		35.00	4859.01	4859.01
玻璃用白云岩	Dolomite for Glass	323.00		274.00	49.00	49.00
玻璃用石英岩	Quartzite for Glass	4027.25		3128.65	898.60	858.60
玻璃用砂岩	Sandstone for Glass	2894.07		2609.07	285.00	285.00
玻璃用砂	Sand for Glass	2339.50		2339.50		
玻璃用脉石英	Vein Quartz for Glass	2604.09		2104.93	499.16	497.96
玻璃用凝灰岩	Tuff for Glass	1820.53		1171.32	649.21	
玻璃用大理岩	Marble for Glass	1721.57		868.93	852.64	852.64
水泥用灰岩	Limestone for Cement	21467.08		8125.76	13341.32	12619.17
制灰用灰岩	Limestone for Ash Making	2814.35		2557.45	256.90	256.90
水泥配料用砂岩	Sandstone for Cement Batching	1799.57		1333.21	466.36	466.36
水泥配料用脉石英	Vein Quartz for Cement Batching					
水泥配料用页岩	Shale for Cement Batching	264.95		264.95		
水泥配料用黏土	Clay for Cement Batching	266.11		246.60	19.51	19.51
水泥配料用泥岩	Mudstone for Cement Batching	434.70		260.00	174.70	174.70
水泥混合材用玄武岩	Basalt for Cement Mixture	138.50		138.50		
水泥用凝灰岩	Tuff for Cement	40.52			40.52	40.52
水泥用大理岩	Marble for Cement	554.73		178.73	376.00	376.00
水泥配料用板岩	Slate for Cement Batching	308.00		308.00		
砖瓦用页岩	Shale for Brick and Tile	387.56		235.20	152.36	136.36
砖瓦用黏土	Clay for Brick and Tile	76.28		76.28		
砖瓦用砂岩	Sandstone for Brick and Tile	103.90		103.90		
凹凸棒石黏土	Attapulgite Clay	81.00			81.00	81.00
膨润土	Bentonite	67.46		67.46		
硅藻土	Diatomite	720.00			720.00	720.00
建筑用砂	Sand for Construction	4538.83		3729.85	808.98	808.98
建筑用灰岩	Limestone for Construction	22743.66		18748.11	3995.55	3320.75
建筑用辉绿岩	Diabase for Construction	155.31		155.31		

——按矿种分列（2023年） 续表2
Mineral Prospects by Mineral （2023） Continued 2

企事业资金 Fund from Enterprise and Institution			机械岩芯钻探工作量/米 Footage of Core Drilling/m	坑探工作量/米 Footage of Pitting/m	新发现矿产地/个 Newly Discovered Mineral Prospect/number
港澳台商投资 Investment from Hong Kong, Macao and Taiwan	外商投资 Foreign Investment	其他投资 Other Investment			
			6324.60		
			67117.20	388.00	1
			2187.70		
		110.50	31734.50		1
			4043.80		
			58841.50	400.00	2
			580.40		
		40.00	33618.90	39.00	2
			22748.60		1
			21959.50		
		1.20	21105.50		3
		649.21	7229.70		
			15744.80		
		722.15	159703.30		9
			29030.60		2
			10724.80		
			1103.40		
			933.90		
			1564.40		1
			3024.40		
			709.90		
			1995.00		
			10672.90		1
			490.00		
		16.00	2442.00		2
			310.20		
			654.30		
			356.40		
			1273.00		
			2606.90		
			17334.40		1
		674.80	147632.10	53.00	16
			706.00		

地质勘查投入和新发现矿产地情况
Input in Geological Exploration and Newly Discovered

矿种	Mineral	地质勘查经费/万元 Geological Exploration Fund/10⁴ yuan				
			中央财政 Central Finance	地方财政 Local Finance		国内企事业资金 Fund from Domestic Enterprise and Institution
建筑用凝灰岩	Tuff for Construction	1347.20		1237.30	109.90	13.20
建筑用辉石岩	Pyroxenite for Construction	30.00		30.00		
建筑用玄武岩	Basalt for Construction	1823.68		1639.68	184.00	184.00
建筑用闪长岩	Diorite for Construction	2198.34		2198.34		
建筑用花岗岩	Granite for Construction	13729.36		9922.71	3806.65	3135.52
建筑用大理岩	Marble for Construction	863.89		863.89		
建筑用白云岩	Dolomite for Construction	3679.55		3203.13	476.42	306.42
建筑用砂岩	Sandstone for Construction	7774.30		5021.47	2752.83	2348.83
饰面用石材	Decorative Stone	176.10		146.10	30.00	30.00
饰面用辉绿岩	Decorative Diabase	370.00		245.00	125.00	125.00
饰面用玄武岩	Decorative Basalt	29.00			29.00	29.00
饰面用正长岩	Decorative Syenite	68.60			68.60	68.60
饰面用花岗岩	Decorative Granite	17111.74		10854.56	6257.18	6094.38
饰面用灰岩	Decorative Limestone	4472.24		3908.79	563.45	563.45
饰面用大理岩	Decorative Marble	1942.67		814.57	1128.10	1083.10
饰面用蛇纹岩	Decorative Serpentinite	159.00			159.00	159.00
饰面用板岩	Decorative Slate	809.00		421.00	388.00	159.00
片麻岩	Gneiss	298.79			298.79	298.79
珍珠岩	Perlite	65.00			65.00	65.00
陶粒用页岩	Shale for Clay	24.00			24.00	
陶粒用黏土	Clay for Ceramsite	150.00		50.00	100.00	100.00
石墨	Graphite	9583.19		6367.14	3216.05	3216.05
绢云母	Sericite	21.80			21.80	
石膏	Gypsum	849.95		282.23	567.72	567.72
岩棉用玄武岩	Basalt for Rock Wool	1152.26		1152.26		
矿泉水	Mineral Water	2187.88		1374.31	813.57	813.57
地下水	Ground Water	2917.46		1460.55	1456.91	1456.91
其他矿种	Other Minerals	38498.00	38498.00			
基础地质、科技、水环及地灾调查、信息化等	Basic Geology, Science and Technology, Hydrological Environment and Disaster Investigation, Informationization, etc	831557.40	300066.59	385009.05	146481.76	146481.76

——按矿种分列（2023年） 续表3
Mineral Prospects by Mineral （2023） Continued 3

企事业资金 Fund from Enterprise and Institution			机械岩芯钻探工作量/米 Footage of Core Drilling/m	坑探工作量/米 Footage of Pitting/m	新发现矿产地/个 Newly Discovered Mineral Prospect/number
港澳台商投资 Investment from Hong Kong, Macao and Taiwan	外商投资 Foreign Investment	其他投资 Other Investment			
		96.70	11932.20		2
			11114.50		1
			17569.00		1
		671.13	85853.00		7
			8709.30		
		170.00	22821.80		1
		404.00	59310.10		1
			1242.90		
			1403.50		
			155.40		
		162.80	126051.30		2
			25848.10		
		45.00	17898.80		1
			921.10		
		229.00	7015.40		
			3541.30		
			498.70		
		24.00	152.00		
			703.20		
			65091.10		10
		21.80	453.70		
			5465.40		
			6148.60		1
			8660.30		1
			11724.50		1

全国非油气地质勘查

Completion of National Non-petroleum

地区	Region	区域地质调查 Regional Geological Survey	区域地球物理调查 Regional Geophysical Survey		
		1：5万区域地质调查/平方千米 1：50000 Regional Geological Survey/km²	1：25万区域重力测量/平方千米 1：250000 Regional Gravity Measurement/km²	1：5万区域重力测量/平方千米 1：50000 Regional Gravity Measurement/km²	航空物探/测线千米 Aerogeophysical Prospecting/line km
总　计	**Total**	**41836.20**	**34800.00**	**8665.60**	**68119.90**
北　京	Beijing				
天　津	Tianjin				
河　北	Hebei	5144.00			3487.00
山　西	Shanxi	1406.60			
内蒙古	Inner Mongolia	2000.00	9000.00		16592.70
辽　宁	Liaoning				
吉　林	Jilin				
黑龙江	Heilongjiang	2359.10			
上　海	Shanghai				
江　苏	Jiangsu	380.00			
浙　江	Zhejiang				
安　徽	Anhui	1721.00		1970.00	
福　建	Fujian	7916.00			
江　西	Jiangxi				
山　东	Shandong	1738.00		482.00	
河　南	Henan				
湖　北	Hubei	885.00		200.00	
湖　南	Hunan				
广　东	Guangdong	4371.10			
广　西	Guangxi	950.00			
海　南	Hainan				35548.00
重　庆	Chongqing	232.00			
四　川	Sichuan				4032.10
贵　州	Guizhou				
云　南	Yunnan	2567.00		474.00	
西　藏	Xizang	2640.00			2084.00
陕　西	Shaanxi	100.00	7400.00	932.00	
甘　肃	Gansu	6964.40			100.00
青　海	Qinghai			178.60	
宁　夏	Ningxia				
新　疆	Xinjiang		9000.00	4429.00	6276.10
其　他	Others	462.00	9400.00		

工作完成情况（2023年）
Geological Exploration（2023）

区域地球化学调查 Regional Geochemical Survey			矿产地质调查 Mineral Geological Survey
1：5万地球化学调查/平方千米 1：50000 Geochemical Survey/km^2	1：5万土地质量地球化学调查/平方千米 1：50000 Land Quality Geochemical Survey/km^2	1：25万土地质量地球化学调查/平方千米 1：250000 Land Quality Geochemical Survey/km^2	1：5万矿产地质调查/平方千米 1：50000 Mineral Geological Survey/km^2
35581.90	**20034.60**	**3000.00**	**49238.20**
6073.70	183.50		
			300.00
		1000.00	1158.00
2091.00	200.00		753.00
3320.70			4569.70
			2305.00
6982.60	5264.30		3918.80
2225.00			2503.80
725.00			1832.40
580.00	1598.00		1247.00
130.00	100.00		1050.00
220.00	3148.00		2251.80
	2748.00		915.00
475.00			475.00
697.00			230.00
	72.00		
	3610.60		
200.00			82.00
1856.00			5423.70
1134.30	70.00		1864.90
1955.00			955.00
1624.00	1840.00		1511.00
776.60			7656.10
	600.20		210.00
4516.00	600.00	2000.00	7426.00
			600.00

全国油气地质勘查工作

Completion of National Oil and Natural

地区	Region	探井/口 Exploratory/well
总计	**Total**	**2689**
北京	Beijing	
天津	Tianjin	108
河北	Hebei	83
山西	Shanxi	91
内蒙古	Inner Mongolia	106
辽宁	Liaoning	33
吉林	Jilin	55
黑龙江	Heilongjiang	204
上海	Shanghai	23
江苏	Jiangsu	64
浙江	Zhejiang	
安徽	Anhui	5
福建	Fujian	
江西	Jiangxi	
山东	Shandong	203
河南	Henan	22
湖北	Hubei	28
湖南	Hunan	
广东	Guangdong	72
广西	Guangxi	
海南	Hainan	40
重庆	Chongqing	37
四川	Sichuan	94
贵州	Guizhou	10
云南	Yunnan	
西藏	Xizang	4
陕西	Shaanxi	586
甘肃	Gansu	283
青海	Qinghai	33
宁夏	Ningxia	61
新疆	Xinjiang	444

完成情况（2023年）

Gas Geological Exploration（2023）

进尺/千米 Footage/km	二维地震/千米 2D Seismic/km	三维地震/平方千米 3D Seismic/km^2
8142.40	**7421.00**	**48880.40**
292.80		2881.00
270.60		245.00
174.90		528.60
309.90	541.00	1284.70
83.60	290.00	760.00
162.70	411.00	495.00
448.00		
82.30		279.00
227.60	40.00	365.80
8.10		
736.00	558.00	924.00
70.10		145.30
93.10	763.00	210.00
259.50		6717.00
109.20		4323.00
177.10		3758.00
315.10	282.00	4797.50
22.00	20.00	
6.20	225.00	
1506.20	280.00	3885.00
787.60		2250.00
129.50	720.00	750.00
190.70		1200.00
1679.90	3292.00	13081.40

矿产资源勘查许可证发证及探矿权
Exploration Licenses Issued and Exploration

地　区	Region	勘查许可证发证 Exploration License Issued					
		许可证数/个 Number of License/number	登记面积/平方千米 Registered Area/km²	注销/个 Cancelled/number	注销面积/平方千米 Cancelled Area/km²	数量/个 Number	出让收益/万元 Income from Exploration Right Granted/10⁴ yuan
总　计	**Total**	**12173**	**2630761.77**	**2068**	**63967.38**	**459**	**9905956.31**
自然资源部	MNR	1157	2476324.44	72	31952.29	39	2242.94
北　京	Beijing	4	16.92				
天　津	Tianjin	56	83.14	6	8.52	31	30435.00
河　北	Hebei	220	986.69	8	120.49	1	10.00
山　西	Shanxi	144	20430.20	2	36.80	4	223600.00
内蒙古	Inner Mongolia	1558	26854.74	54	1311.69	25	3039064.00
辽　宁	Liaoning	197	607.38	12	88.46	2	7720.00
吉　林	Jilin	209	1179.04	232	3341.63	11	934.48
黑龙江	Heilongjiang	227	8020.73	151	2556.14	9	10188.00
上　海	Shanghai						
江　苏	Jiangsu	36	44.73	10	8.39		
浙　江	Zhejiang	142	445.68	14	30.41	3	386.16
安　徽	Anhui	442	3552.66	23	399.41	3	
福　建	Fujian	231	551.29	5	3.66	6	780.00
江　西	Jiangxi	1053	1805.39	14	16.59	15	66710.88
山　东	Shandong	212	1386.80	18	390.10	2	323.13
河　南	Henan	303	1873.56	25	256.37	12	5208.33
湖　北	Hubei	43	99.54	1	1.67		
湖　南	Hunan	167	816.70	68	709.99		
广　东	Guangdong	122	780.49	3	15.06	12	15231.55
广　西	Guangxi	377	3145.27	129	2101.56	6	48.00
海　南	Hainan	14	17.12				
重　庆	Chongqing	18	6028.39	3	8.54	7	7332.96
四　川	Sichuan	477	3569.98	257	3727.56	9	144259.87
贵　州	Guizhou	410	4706.74	16	229.34	10	811.18
云　南	Yunnan	881	7956.58	303	3576.50	9	410.38
西　藏	Xizang	305	10147.39	22	710.80		
陕　西	Shaanxi	291	7360.06	35	1416.46	4	140516.76
甘　肃	Gansu	383	2929.55	192	3166.99	45	1177271.00
青　海	Qinghai	303	9631.20	81	2353.36		
宁　夏	Ningxia	20	150.26	6	96.00	2	
新　疆	Xinjiang	2171	29259.11	306	5332.60	192	5032471.68

出让、转让情况——按地区分列（2023年）

Rights Granted and Transferred by Region（2023）

探矿权出让 Exploration Right Granted				探矿权转让 Exploration Right Transferred	
协议出让 Granting through Agreement		"招拍挂"出让 Granting through Bidding, Auction and Listing			
数量/个 Number	出让收益/万元 Income from Exploration Right Granted/10^4 yuan	数量/个 Number	出让收益/万元 Income from Exploration Right Granted/10^4 yuan	数量/个 Number	转让金额/万元 Amount of Exploration Right Transferred/10^4 yuan
92	**15095.59**	**367**	**9890860.71**	**249**	**3853799.26**
2	580.94	37	1662.00	10	440027.94
		31	30435.00	3	403.00
		1	10.00	2	186.00
3		1	223600.00		
14		11	3039064.00	51	20042.67
1		1	7720.00	2	100.00
		11	934.48	1	59.29
3	10000.00	6	188.00	1	
1	267.16	2	119.00	1	
3				6	
5		1	780.00		
5	149.48	10	66561.40	17	1263.60
		2	323.13	10	342.13
7	3368.33	5	1840.00	15	5729.51
				1	
				10	3154.47
		12	15231.55	4	1039.09
1		5	48.00	7	77.00
3		4	7332.96		
1		8	144259.87	2	60.00
2		8	811.18	4	80040.00
5	352.60	4	57.78	37	26.00
				20	1784.56
		4	140516.76	3	
8	370.00	37	1176901.00	7	106734.00
				2	
1		1			
27	7.08	165	5032464.60	33	3192730.00

矿产资源勘查许可证发证及探矿权出让、
Exploration Licenses Issued and Exploration Rights

矿 种	Mineral	勘查许可证发证 Exploration License Issued					
		许可证数/个 Number of License/ number	登记面积/平方千米 Registered Area/km^2	注销/个 Cancelled/ number	注销面积/平方千米 Cancelled Area/km^2	数量/个 Number	出让收益/万元 Income from Exploration Right Granted/10^4 yuan
总 计	**Total**	**12173**	**2630761.77**	**2068**	**63967.38**	**459**	**9905956.31**
煤	Coal	899	31949.52	210	5198.17	58	6275160.59
油页岩	Oil Shale	43	3415.11	2	364.44		
煤层气	Coalbed Methane	144	35051.72	1	34.20	7	
油砂	Oil Sand	6	175.56				
页岩气	Shale Gas	29	10471.26			5	
石油天然气	Oil and Gas	744	2460148.15	51	31717.47	26	
天然沥青	Natural Asphalt	5	14.83				
地热	Geotherm	431	1859.64	65	1083.46	60	34670.30
铁矿	Iron	974	6372.54	196	2034.21	22	13451.34
锰矿	Manganese	171	1169.43	45	467.68	1	1565.00
铬铁矿	Chromite	11	136.95	1	3.46	1	
钛矿	Titanium	25	292.45	5	30.96		
钒矿	Vanadium	65	384.60	7	84.09		
金红石	Rutile	4	11.92				
铜矿	Copper	1979	19855.08	318	4690.01	18	16020.94
铅矿	Lead	1136	10537.36	161	2381.06	8	2350.32
锌矿	Zinc	187	1361.93	47	398.09	8	2500365.03
铝土矿	Bauxite	122	1721.61	6	104.20	4	130.09
镁矿	Magnesium	1	9.55				
镍矿	Nickel	45	348.94	8	66.55		
钴矿	Cobalt	4	38.91				
钨矿	Tungsten	75	405.67	4	31.18	2	580.94
锡矿	Tin	44	178.97	5	40.38	2	
铋矿	Bismuth	3	11.57				
钼矿	Molybdenum	133	859.11	18	398.44		
锑矿	Antimony	57	274.69	6	76.07		
多金属	Polymetallic Ore	468	5967.95	79	1343.38	7	10184.26
铂矿	Platinum	10	72.86				
砂金	Placer Gold	10	53.94	2	26.53		
金矿	Gold	2334	17928.05	487	7728.30	54	128076.36

转让情况——按矿种分列（2023年）
Granted and Transferred by Mineral （2023）

探矿权出让 Exploration Right Granted				探矿权转让 Exploration Right Transferred	
协议出让 Granting through Agreement		"招拍挂"出让 Granting through Bidding, Auction and Listing		数量/个 Number	转让金额/万元 Amount of Exploration Right Transferred/ 10^4 yuan
数量/个 Number	出让收益/万元 Income from Exploration Right Granted/ 10^4 yuan	数量/个 Number	出让收益/万元 Income from Exploration Right Granted/ 10^4 yuan		
92	**15095.59**	**367**	**9890860.71**	**249**	**3853799.26**
14	10237.49	44	6264923.10	11	777844.23
5		2			
		5			
		26			
		60	34670.30	8	990.37
6	900.00	16	12551.34	20	17976.14
		1	1565.00	1	
1					
				1	
				2	2174.47
7		11	16020.94	52	3425.39
4	505.00	4	1845.32	32	1946.19
4	110.03	4	2500255.00	5	2500000.00
3		1	130.09		
2	580.94			1	
		2		3	
				2	27.94
		7	10184.26	9	941.55
10		44	128076.36	55	20495.98

矿产资源勘查许可证发证及探矿权出让、
Exploration Licenses Issued and Exploration Rights

矿 种	Mineral	勘查许可证发证 Exploration License Issued					
		许可证数/个 Number of License/ number	登记面积/平方千米 Registered Area/km²	注销/个 Cancelled/ number	注销面积/平方千米 Cancelled Area/km²	数量/个 Number	出让收益/万元 Income from Exploration Right Granted/10^4 yuan
银矿	Silver	281	2189.13	25	506.94		
铌钽矿	Niobium-Tantalum	29	267.48	4	78.14	4	8286.78
铌矿	Niobium	5	91.45				
钽矿	Tantalum	5	13.26	2	24.39		
铍矿	Beryllium	9	127.38	5	49.05		
锂矿	Lithium	23	712.04	3	141.70	2	
锶矿（天青石）	Strontium (Celestite)	1	4.62				
铷矿	Rubidium	6	30.07				
铯矿	Cesium	1	5.28				
重稀土矿	Heavy Rare Earth Elements			1	2.30		
钇矿	Yttrite	1	3.93				
轻稀土矿	Light Rare Earth Elements	8	161.11	1	13.76		
铊矿	Thallium	1	4.91				
碲矿	Tellurium	1	6.26				
蓝晶石	Kyanite	3	9.10	1	6.31		
红柱石	Andalusite	2	17.63	2	12.36		
菱镁矿	Magnesite	9	77.34	1	7.37		
普通萤石	Fluorite	287	816.21	18	59.25	18	67827.72
熔剂用石灰岩	Limestone for Flux	12	20.93			2	3742.83
冶金用白云岩	Metallurgical Dolomite	7	23.58	1	4.27	1	
铸型用砂岩	Foundry Sandstone			1	0.77		
冶金用脉石英	Metallurgical Vein Quartz	12	33.27	2	2.12	2	1617.42
耐火黏土	Refractory Clay	2	19.37	1	8.65		
自然硫	Native Sulfur	1	0.97				
硫铁矿	Pyrite	26	134.41	4	30.50		
钠硝石	Nitratine	42	1608.28	66	2999.38		
芒硝（含钙芒硝）	Mirabilite (Glauberite)	3	123.89	1	4.46		
重晶石	Barite	19	81.86	1	3.07		
毒重石	Witherite	1	6.26				
天然碱(Na_2CO_3)	Trona (Na_2CO_3)	4	180.86	1	7.23		

转让情况——按矿种分列（2023年） 续表1
Granted and Transferred by Mineral （2023） Continued 1

探矿权出让 Exploration Right Granted				探矿权转让 Exploration Right Transferred	
协议出让 Granting through Agreement		“招拍挂”出让 Granting through Bidding, Auction and Listing		数量/个 Number	转让金额/万元 Amount of Exploration Right Transferred/10^4 yuan
数量/个 Number	出让收益/万元 Income from Exploration Right Granted/10^4 yuan	数量/个 Number	出让收益/万元 Income from Exploration Right Granted/10^4 yuan		
				6	3084.00
		4	8286.78		
		2		4	440000.00
				1	7.82
				1	
10	1584.53	8	66243.19	7	1035.77
1		1	3742.83	1	
1					
		2	1617.42		
				1	

矿产资源勘查许可证发证及探矿权出让、
Exploration Licenses Issued and Exploration Rights

矿种	Mineral	勘查许可证发证 Exploration License Issued					
		许可证数/个 Number of License/number	登记面积/平方千米 Registered Area/km²	注销/个 Cancelled/number	注销面积/平方千米 Cancelled Area/km²	数量/个 Number	出让收益/万元 Income from Exploration Right Granted/10^4 yuan
电石用灰岩	Limestone for Calcium Carbide	4	1.68				
制碱用灰岩	Limestone for Alkali Production	2	1.76				
化肥用石英岩	Quartzite for Fertilizer			1	2.20		
化肥用蛇纹岩	Serpentinite for Fertilizer	2	43.83				
泥炭	Peat	4	56.01	1	10.98		
矿盐	Mineral Salt	2	4.23			1	1.73
岩盐	Rock Salt	18	120.60	2	8.22	1	15.67
湖盐	Lake Salt	2	61.69			1	1899.50
天然卤水	Natural Brine	5	30.04			3	1141.37
钾盐	Potash	27	7292.96	4	360.40	2	1662.00
磷矿	Phosphate Rock	77	438.50	24	230.44	5	142623.00
金刚石	Diamond	4	58.79				
石墨	Graphite	67	539.42	14	133.34		
隐晶质石墨	Aphanitic Graphite	2	26.37				
水晶	Quartz Crystal	1	18.17				
硅灰石	Wollastonite	7	18.37	4	44.15		
滑石	Talc	14	83.71	3	2.76		
云母	Mica	8	36.08	2	23.15		
长石	Feldspar	43	259.86			4	1561.00
电气石	Tourmaline	1	23.34				
石榴子石	Garnet	5	8.86				
叶蜡石	Pyrophyllite	14	24.96				
透辉石	Diopside	1	0.03	1	10.29		
透闪石	Tremolite	1	1.05				
石膏	Gypsum	34	195.28	6	24.22	3	963.81
方解石	Calcite	32	77.72	2	2.73	5	776.67
光学萤石	Optical Fluorite	2	19.18				
玉石	Jade	21	112.95	1	0.19		
玛瑙	Agate	5	82.64	1	99.47		
石灰岩	Limestone	63	312.43	8	45.58	16	12405.10
水泥用石灰岩	Limestone for Cement	91	183.39	7	31.55	14	31285.93

转让情况——按矿种分列（2023年） 续表2
Granted and Transferred by Mineral （2023） Continued 2

探矿权出让 Exploration Right Granted				探矿权转让 Exploration Right Transferred	
协议出让 Granting through Agreement		"招拍挂"出让 Granting through Bidding, Auction and Listing			
数量/个 Number	出让收益/万元 Income from Exploration Right Granted/10^4 yuan	数量/个 Number	出让收益/万元 Income from Exploration Right Granted/10^4 yuan	数量/个 Number	转让金额/万元 Amount of Exploration Right Transferred/10^4 yuan
		1	1.73		
		1	15.67		
		1	1899.50		
		3	1141.37		
		2	1662.00		
		5	142623.00	5	80000.00
		4	1561.00	2	37.00
		3	963.81	1	250.00
2	593.39	3	183.28		
5	7.16	11	12397.94	3	1000.00
9	195.96	5	31089.97		

矿产资源勘查许可证发证及探矿权出让、
Exploration Licenses Issued and Exploration Rights

矿　种	Mineral	勘查许可证发证 Exploration License Issued					
		许可证数/个 Number of License/ number	登记面积/平方千米 Registered Area/km^2	注销/个 Cancelled/ number	注销面积/平方千米 Cancelled Area/km^2	数量/个 Number	出让收益/万元 Income from Exploration Right Granted/10^4 yuan
饰面用灰岩	Decorative Limestone	2	0.57			1	3393.53
制灰用石灰岩	Limestone for Ash Making	6	2.34	1	1.67	1	11.00
含钾岩石	Potassium-bearing Rock	6	24.94	2	10.08		
泥灰岩	Marl	4	6.25				
白云岩	Dolomite	21	105.83	1	2.13	3	1253.26
玻璃用白云岩	Dolomite for Glass			1	0.10		
建筑用白云岩	Dolomite for Construction	1	0.65				
石英岩	Quartzite	41	231.43	6	28.95	8	4841.33
冶金用石英岩	Metallurgical Quartzite	18	60.74	5	21.37	4	4308.84
玻璃用石英岩	Quartzite for Glass	13	19.01	1	36.96	1	784.00
砂岩	Sandstone	3	2.39	2	10.29	1	148.36
玻璃用砂岩	Sandstone for Glass	3	4.41				
水泥配料用砂岩	Sandstone for Cement Batching	4	4.35	2	7.18		
陶瓷用砂岩	Sandstone for Ceramics	1	0.47				
天然石英砂	Natural Quartz Sand	14	53.78	5	29.24	5	102980.58
玻璃用砂	Sand for Glass	3	22.17				
脉石英	Vein Quartz	31	102.84	3	6.91	8	3126.81
玻璃用脉石英	Vein Quartz for Glass	21	19.46	1	0.03		
硅藻土	Diatomite	8	33.30	5	54.34		
页岩	Shale	3	1.02	1	1.84		
陶粒页岩	Shale for Ceramsite	1	2.57	6	19.62		
砖瓦用页岩	Shale for Brick and Tile			1	1.28		
水泥配料用页岩	Shale for Cement Batching	2	0.36	1	14.61	1	9.17
高岭土	Kaolin	45	129.24	6	9.05		
陶瓷土	Ceramic Clay	43	42.90	4	9.56	2	218.00
凹凸棒石黏土	Attapulgite Clay	5	12.98				
海泡石黏土	Sepiolite Clay			1	33.81		
伊利石黏土	Illite Clay	2	5.42				
膨润土	Bentonite	16	75.20	3	26.66	1	11.09
陶粒用黏土	Clay for Ceramsite	4	12.92	1	1.50		

转让情况——按矿种分列（2023年） 续表3
Granted and Transferred by Mineral （2023） Continued 3

探矿权出让 Exploration Right Granted				探矿权转让 Exploration Right Transferred	
协议出让 Granting through Agreement		"招拍挂"出让 Granting through Bidding, Auction and Listing			
数量/个 Number	出让收益/万元 Income from Exploration Right Granted/10^4 yuan	数量/个 Number	出让收益/万元 Income from Exploration Right Granted/10^4 yuan	数量/个 Number	转让金额/万元 Amount of Exploration Right Transferred/ 10^4 yuan
		1	3393.53		
		1	11.00		
		3	1253.26	1	
1	370.00	7	4471.33	2	30.00
		4	4308.84		
		1	784.00		
		1	148.36		
		5	102980.58		
1		7	3126.81		
				3	185.00
		1	9.17		
				2	9.00
1		1	218.00	1	34.00
1	11.09				

矿产资源勘查许可证发证及探矿权出让、
Exploration Licenses Issued and Exploration Rights

矿　种	Mineral	勘查许可证发证 Exploration License Issued					
		许可证数/个 Number of License/ number	登记面积/平方千米 Registered Area/km²	注销/个 Cancelled/ number	注销面积/平方千米 Cancelled Area/km²	数量/个 Number	出让收益/万元 Income from Exploration Right Granted/10⁴ yuan
水泥用黏土	Clay for Cement	2	1.07				
水泥配料用泥岩	Mudstone for Cement Batching	2	1.31	1	0.35		
蛇纹岩	Serpentinite	7	40.82				
饰面用蛇纹岩	Decorative Serpentinite	2	1.13				
玄武岩	Basalt	8	26.12			2	2148.42
铸石用玄武岩	Basalt for Casting Stone	1	1.83				
岩棉用玄武岩	Basalt for Rock Wool	1	5.97				
辉绿岩	Diabase	3	11.37			2	460340.00
饰面用辉绿岩	Decorative Diabase	6	10.69			1	20.00
闪长岩	Diorite	4	18.54			2	410.09
建筑用闪长岩	Diorite for Construction	1	0.27				
花岗岩	Granite	27	369.93	6	32.18	8	16543.41
建筑用花岗岩	Granite for Construction	1	2.63	2	8.56		
饰面用花岗岩	Decorative Granite	102	408.64	14	40.32	13	37474.60
珍珠岩	Perlite	9	30.61	1	1.25	1	
黑曜岩	Obsidian	1	2.09				
霞石正长岩	Nepheline Syenite	1	1.22				
凝灰岩	Tuff	2	68.08			1	3350.00
水泥用凝灰岩	Tuff for Cement	1	2.28				
火山渣	Scoria	1	2.81				
大理岩	Marble	25	180.96	2	6.68	8	2213.26
饰面用石料（大理石）	Decorative Stone (Marble)	13	11.26	2	14.24	2	1090.66
水泥用大理石	Marble for Cement	10	19.15			2	35.00
饰面用板岩	Decorative Slate	2	4.18				
片麻岩	Gneiss	1	1.68				
角闪岩	Amphibolite	1	10.66	2	0.55		
硼矿	Boron	3	28.41	1	3.40		
矿泉水	Mineral Water	84	169.74	30	167.43	14	2879.20
地下水	Ground Water	11	176.71	2	71.25		
氦气	Helium	1	189.40				

转让情况——按矿种分列（2023年） 续表4
Granted and Transferred by Mineral （2023） Continued 4

探矿权出让 Exploration Right Granted				探矿权转让 Exploration Right Transferred	
协议出让 Granting through Agreement		“招拍挂”出让 Granting through Bidding, Auction and Listing		数量/个 Number	转让金额/万元 Amount of Exploration Right Transferred/ 10^4 yuan
数量/个 Number	出让收益/万元 Income from Exploration Right Granted/10^4 yuan	数量/个 Number	出让收益/万元 Income from Exploration Right Granted/10^4 yuan		
		2	2148.42		
		2	460340.00		
		1	20.00		
		2	410.09		
		8	16543.41		
2		11	37474.60		
1					
		1	3350.00		
		8	2213.26	2	1100.00
		2	1090.66	1	60.00
1		1	35.00		
		14	2879.20		
				3	1144.41

矿产资源勘查许可证发证及探矿权出让、
Exploration Licenses Issued and Exploration Rights

企业经济类型	Economic Type of Enterprise	勘查许可证发证 Exploration License Issued					
		许可证数/个 Number of License/ number	登记面积/平方千米 Registered Area/km²	注销/个 Cancelled/ number	注销面积/平方千米 Cancelled Area/km²	数量/个 Number	出让收益/万元 Income from Exploration Right Granted/10⁴ yuan
总　计	**Total**	**12173**	**2630761.77**	**2068**	**63967.38**	**459**	**9905956.31**
内资企业	**Domestic Funded Enterprise**	**11930**	**1394677.71**	**2048**	**63483.18**	**457**	**9905059.31**
国有企业	State-owned Enterprise	2059	132242.88	436	9043.63	39	3575033.32
集体企业	Collective-owned Enterprise	21	80.90	20	61.60	1	
股份合作企业	Cooperative Stock Enterprise	61	16604.81	21	152.55	1	5.00
联营企业	Joint Ownership Enterprise	50	754.83	13	117.82	2	4857.73
有限责任公司	Limited Liability Corporation	8566	120087.72	1273	19374.18	374	6300771.84
股份有限公司	Share Holding Company Limited	834	1121971.42	136	33425.97	24	12627.10
私营企业	Private Enterprise	268	2447.54	132	1090.96	15	11706.32
其他企业	Other Enterprises	71	487.60	17	216.47	1	58.00
港澳台商投资企业	**Enterprise with Fund from Hong Kong, Macao and Taiwan**	**227**	**1235910.13**	**8**	**108.05**		
外商投资企业	**Foreign-funded Enterprise**	**16**	**173.93**	**12**	**376.15**	**2**	**897.00**

转让情况——按企业经济类型分列（2023年）
Granted and Transferred by Economic Type of Enterprise（2023）

探矿权出让 Exploration Right Granted				探矿权转让 Exploration Right Transferred	
协议出让 Granting through Agreement		“招拍挂”出让 Granting through Bidding, Auction and Listing			
数量/个 Number	出让收益/万元 Income from Exploration Right Granted/10[4] yuan	数量/个 Number	出让收益/万元 Income from Exploration Right Granted/10[4] yuan	数量/个 Number	转让金额/万元 Amount of Exploration Right Transferred/10[4] yuan
92	**15095.59**	**367**	**9890860.71**	**249**	**3853799.26**
92	**15095.59**	**365**	**9889963.71**	**249**	**3853799.26**
2		37	3575033.32	31	3679775.39
1					
1	5.00			1	40000.00
		2	4857.73	1	
77	15062.99	297	6285708.84	203	132719.36
7	13.57	17	12613.53	8	545.96
4	14.03	11	11692.29	5	758.55
		1	58.00		
		2	**897.00**		

矿产资源采矿许可证发证及采矿权出让、
Mining Licenses Issued and Mining Rights

地 区	Region	采矿许可证发证 Mining License Issued								
		许可证数/个 Number of License/ number	面积/平方千米 Area/km^2	生产能力/(万吨·年$^{-1}$) Capacity of Production/ (10^4t · a^{-1})	注销/个 Cancelled/ number	注销面积/平方千米 Cancelled Area/ km^2	数量/个 Number	生产能力/(万吨·年$^{-1}$) Capacity of Production/ (10^4t · a^{-1})	出让收益/万元 Income from Mining Right Granted/ 10^4 yuan	数量/个 Number
总 计	**Total**	**30514**	**331800.33**	**1939758.07**	**4356**	**1191.17**	**1377**	**171906.58**	**17610397.50**	**304**
自然资源部	MNR	1895	263606.35	215156.73	2	11.99	52	2671.76	280444.66	51
北 京	Beijing	91	47.24	1842.11						
天 津	Tianjin	280	9.13	4779.52	7	0.43	6	130.06	89.00	5
河 北	Hebei	1033	1867.96	49571.22	10	11.42	4	2368.67	45100.00	2
山 西	Shanxi	1845	11589.78	129779.71	103	9.90	22	1381.45	657284.18	7
内蒙古	Inner Mongolia	1859	5730.26	104813.33	52	95.93	42	3743.50	1455469.60	29
辽 宁	Liaoning	797	866.81	52781.18	257	33.89	16	1048.60	15806.31	4
吉 林	Jilin	712	669.47	28667.10	75	5.05	33	4175.79	72914.62	17
黑龙江	Heilongjiang	943	3435.36	30789.00	84	4.81	82	2945.25	105862.44	4
上 海	Shanghai									
江 苏	Jiangsu	189	248.69	16609.32	18	4.57	17	3648.15	932788.74	10
浙 江	Zhejiang	492	188.91	75132.92	93	15.53	26	13194.29	1237646.25	4
安 徽	Anhui	654	925.13	102064.63	34	3.26	21	17666.63	1804011.46	4
福 建	Fujian	530	608.92	28466.72	43	11.18	10	1076.15	21079.31	5
江 西	Jiangxi	1353	985.90	65558.75	400	20.20	40	3981.71	229521.89	14
山 东	Shandong	846	2734.97	58817.47	30	6.05	65	7196.65	165911.26	5
河 南	Henan	1019	4243.70	68379.40	15	9.50	26	6075.40	627561.79	15
湖 北	Hubei	597	521.07	72962.73	43	5.10	24	10283.22	401238.14	1
湖 南	Hunan	778	884.20	40949.40	332	40.04	72	8237.81	572304.41	1
广 东	Guangdong	788	349.49	65421.50	492	65.13	70	16998.55	3508099.44	3
广 西	Guangxi	1468	1168.07	134565.19	270	108.56	81	16313.64	1022489.17	2
海 南	Hainan	86	59.82	5763.83	10	1.69	5	611.00	403021.00	
重 庆	Chongqing	612	237.69	33554.74	41	96.86	10	1430.20	96252.79	2
四 川	Sichuan	2032	1918.45	75694.70	424	140.98	64	9509.64	616600.91	17
贵 州	Guizhou	3213	5742.00	133371.43	129	69.82	86	5710.03	196364.85	23
云 南	Yunnan	2042	1669.90	71034.38	507	177.08	75	6074.31	136011.49	8
西 藏	Xizang	138	1028.56	9894.56	11	13.10	7	38.00	2429.77	
陕 西	Shaanxi	1066	10616.75	92845.87	374	116.39	19	876.24	619164.53	9
甘 肃	Gansu	842	1570.57	30815.85	160	36.33	95	4241.42	929868.24	11
青 海	Qinghai	253	2767.68	10382.29	71	11.05	16	356.00	9759.81	3
宁 夏	Ningxia	148	875.36	20229.95	38	5.36	10	1106.50	107694.99	6
新 疆	Xinjiang	1913	4632.14	109062.55	231	59.98	281	18815.95	1337606.45	42

转让情况——按地区分列（2023年）
Granted and Transferred by Region（2023）

采矿权出让 Mining Right Granted								采矿权转让 Mining Right Transferred	
探矿权转采矿权 Change of Exploration Right to Mining Right		协议出让 Granting through Agreement			“招拍挂”出让 Granting through Bidding, Auction and Listing				
生产能力/（万吨·年$^{-1}$） Capacity of Production/ (10^4t · a^{-1})	出让收益/万元 Income from Mining Right Granted/ 10^4 yuan	数量/个 Number	生产能力/（万吨·年$^{-1}$） Capacity of Production/ (10^4t · a^{-1})	出让收益/万元 Income from Mining Right Granted/ 10^4 yuan	数量/个 Number	生产能力/（万吨·年$^{-1}$） Capacity of Production/ (10^4t · a^{-1})	出让收益/万元 Income from Mining Right Granted/ 10^4 yuan	数量/个 Number	转让金额/万元 Amount of Mining Right Transferred/ 10^4 yuan
27208.48	**4319475.69**	**3**	**644.00**	**54643.64**	**1070**	**144054.10**	**13236278.17**	**350**	**4374829.63**
2037.76	227457.19	1	634.00	52987.47				4	3213153.52
106.83					1	23.23	89.00	12	238.68
18.67					2	2350.00	45100.00	1	6.15
719.40	558787.39	1	6.00	195.78	14	656.05	98301.01	26	154237.74
3600.00	1445467.78	1	4.00	1460.39	12	139.50	8541.43	39	249375.85
197.60	304.84				12	851.00	15501.47	3	16199.79
1042.29	2885.69				16	3133.50	70028.93	2	125.86
690.00					78	2255.25	105862.44	19	30664.25
719.49					7	2928.66	932788.74	2	1298.00
70.25					22	13124.04	1237646.25		
378.00	3445.50				17	17288.63	1800565.96	9	1972.10
163.15					5	913.00	21079.31	3	
886.34	53650.23				26	3095.37	175871.66	27	131200.18
895.41	1291.81				60	6301.24	164619.45	8	7019.85
436.60	85799.88				11	5638.80	541761.91	10	47922.34
150.00	14386.86				23	10133.22	386851.28	6	2554.48
60.00					71	8177.81	572304.41	6	7623.43
156.31	1978.03				67	16842.24	3506121.41	1	216.28
86.00	917.45				79	16227.64	1021571.72	19	18319.46
					5	611.00	403021.00		
179.20	9675.89				8	1251.00	86576.90	6	4108.72
1478.05	87190.91				47	8031.59	529410.00	17	7808.89
1402.97	137841.81				63	4307.06	58523.04	34	257.00
205.00	23525.66				67	5869.31	112485.83	27	46864.00
					7	38.00	2429.77		
592.20	603181.43				10	284.04	15983.10	15	131369.63
749.00	131475.75				84	3492.42	798392.49	7	1890.12
35.00	6638.83				13	321.00	3120.98	2	139.66
950.00	9097.61				4	156.50	98597.38	4	284900.78
9202.95	914475.15				239	9613.00	423131.30	41	15362.87

矿产资源采矿许可证发证及采矿权出让、
Mining Licenses Issued and Mining Rights

矿种	Mineral	采矿许可证发证 Mining License Issued								
		许可证数/个 Number of License/ number	面积/平方千米 Area/km²	生产能力/(万吨·年⁻¹) Capacity of Production/ (10^4t·a^{-1})	注销/个 Cancelled/ number	注销面积/平方千米 Cancelled Area/km²	数量/个 Number	生产能力/(万吨·年⁻¹) Capacity of Production/ (10^4t·a^{-1})	出让收益/万元 Income from Mining Right Granted/ 10^4 yuan	数量/个 Number
总计	**Total**	**30514**	**331800.33**	**1939758.07**	**4356**	**1191.17**	**1377**	**171906.58**	**17610397.50**	**304**
煤	Coal	3906	55209.29	487971.00	141	364.25	37	10045.00	3760283.79	34
油页岩	Oil Shale	17	160.96	6991.00			3	3350.00	29655.99	3
石油	Oil	658	64325.72	28789.46	1	11.57	19	222.60		19
天然气	Natural Gas	270	93489.49	1241.81			11			11
煤层气	Coalbed Methane	34	3374.89	93.71			8	29.23		8
石煤	Bone Coal	3	0.26	14.00	11	21.77				
油砂	Oil Sand	2	63.54	1841.31						
页岩气	Shale Gas	17	3708.92	111.00			4			4
石油天然气	Oil and Gas	226	75399.33	8916.85			11	245.28		11
天然沥青	Natural Asphalt	2	0.47	1.40						
地热	Geotherm	1201	1752.80	29690.18	23	11.48	85	3570.90	13120.79	34
铁矿	Iron	1847	3441.01	127139.49	35	24.21	19	1802.00	41331.22	19
锰矿	Manganese	155	355.12	1888.45	11	16.16	2	9.00	69.85	2
铬铁矿	Chromite	7	22.05	30.80	1	0.99				
钛矿	Titanium	28	47.91	1270.22	4	0.08				
钒矿	Vanadium	56	235.22	2082.90	7	19.99	1	40.00		1
金红石	Rutile	4	4.28	190.00						
铜矿	Copper	452	763.85	35479.03	14	20.54	14	361.50	19057.16	14
铅矿	Lead	456	1104.00	5646.44	21	12.72	6	111.50	9521.21	6
锌矿	Zinc	224	519.04	6989.01	14	32.45	3	325.00	2408.89	3
铝土矿	Bauxite	229	1513.32	7704.40	2	10.06	6	263.00	81830.95	5
镁矿	Magnesium	2	7.02	295.00	1	0.78				
镍矿	Nickel	32	77.37	3103.40						
钴矿	Cobalt	2	0.90	167.50						
钨矿	Tungsten	91	293.84	2867.15	1	0.34				
锡矿	Tin	39	160.82	913.38	9	18.23				
铋矿	Bismuth	3	0.90	9.50	1	0.03				
钼矿	Molybdenum	91	260.35	17513.11			1	1000.00	9166.50	1
汞矿	Mercury	1	1.56	9.00						
锑矿	Antimony	40	84.45	298.55	1	0.64	2	18.00	12735.00	2
铂矿	Platinum	6	9.12	126.00						
砂金	Placer Gold	2	8.84	210.00	1	5.92				
金矿	Gold	826	2535.93	19257.72	15	19.89	24	505.10	43720.17	23

转让情况——按矿种分列（2023年）
Granted and Transferred by Mineral（2023）

采矿权出让 Mining Right Granted									采矿权转让 Mining Right Transferred	
探矿权转采矿权 Change of Exploration Right to Mining Right		协议出让 Granting through Agreement			“招拍挂”出让 Granting through Bidding, Auction and Listing					
生产能力/（万吨·年$^{-1}$）Capacity of Production/ (10^4t·a^{-1})	出让收益/万元 Income from Mining Right Granted/ 10^4 yuan	数量/个 Number	生产能力/（万吨·年$^{-1}$）Capacity of Production/ (10^4t·a^{-1})	出让收益/万元 Income from Mining Right Granted/ 10^4 yuan	数量/个 Number	生产能力/（万吨·年$^{-1}$）Capacity of Production/ (10^4t·a^{-1})	出让收益/万元 Income from Mining Right Granted/ 10^4 yuan		数量/个 Number	转让金额/万元 Amount of Mining Right Transferred/ 10^4 yuan
27208.48	**4319475.69**	**3**	**644.00**	**54643.64**	**1070**	**144054.10**	**13236278.17**		**350**	**4374829.63**
9835.00	3643283.19				3	210.00	117000.60		64	774226.27
3350.00	29655.99									
222.60										
29.23										
245.28										
1203.48	2739.49				51	2367.42	10381.30		19	936.11
1802.00	41331.22								5	2273.05
9.00	69.85									
40.00										
361.50	19057.16								5	4578.38
111.50	9521.21								3	561.30
325.00	2408.89								7	11776.97
173.00	25384.95				1	90.00	56446.00		4	245.49
									1	303.86
									1	3204236.00
1000.00	9166.50									
18.00	12735.00								1	5.84
501.10	42259.78	1	4.00	1460.39					2	145.09

矿产资源采矿许可证发证及采矿权出让、
Mining Licenses Issued and Mining Rights Granted

矿种	Mineral	采矿许可证发证 Mining License Issued								
		许可证数/个 Number of License/ number	面积/平方千米 Area/km^2	生产能力/(万吨·年$^{-1}$) Capacity of Production/ (10^4t·a^{-1})	注销/个 Cancelled/ number	注销面积/平方千米 Cancelled Area/km^2	数量/个 Number	生产能力/(万吨·年$^{-1}$) Capacity of Production/ (10^4t·a^{-1})	出让收益/万元 Income from Mining Right Granted/ 10^4 yuan	
										数量/个 Number
银矿	Silver	90	207.07	2430.90	2	0.79	6	192.00	52622.52	5
铌钽矿	Niobium–Tantalum	5	9.82	468.00	1	0.12	1	165.00		1
铌矿	Niobium	2	0.13	19.00						
钽矿	Tantalum	2	15.51	120.00						
铍矿	Beryllium	2	3.10	9.50						
锂矿	Lithium	17	1861.52	916.83			1	300.00	200000.00	1
锆矿	Zirconium	1	2.88	29.80						
锶矿(天青石)	Strontium (Celestite)	5	29.93	99.00						
铷矿	Rubidium	3	3.87	165.50			2	135.50	9.46	2
重稀土矿	Heavy Rare Earth Elements	7	41.96	379.45						
轻稀土矿	Light Rare Earth Elements	41	224.97	3221.55	1	0.42	1	634.00	52987.47	
锗矿	Germanium	2	7.46	409.00						
蓝晶石	Kyanite	1	0.49	10.00						
矽线石	Sillimanite	4	16.94	32.00						
红柱石	Andalusite	6	2.71	178.20						
菱镁矿	Magnesite	46	209.44	2279.40	33	4.55	1	10.00	453.65	1
普通萤石	Fluorite	595	522.35	2493.00	10	2.54	10	220.00	5309.94	10
熔剂用石灰岩	Limestone for Flux	153	101.53	37670.32	3	0.74	10	10720.00	558684.24	1
冶金用白云岩	Metallurgical Dolomite	82	34.33	8783.48	8	0.87	4	1725.00	191334.47	
冶金用砂岩	Metallurgical Sandstone	3	4.77	40.00	1	0.10				
铸型用砂岩	Foundry Sandstone	2	0.38	40.00	2	0.04				
铸型用砂	Foundry Sand	27	14.99	542.50			1	100.00	95.00	1
冶金用脉石英	Metallurgical Vein Quartz	39	46.24	263.70	13	8.03				
耐火黏土	Refractory Clay	53	55.74	485.50	9	4.39				
铁矾土	Bauxite	5	4.08	52.20	3	2.82				
其他黏土	Other Clays	15	6.58	148.45	3	1.24	11	126.45	318.33	2
铸型用黏土	Foundry Clay	1	1.63	5.00						
耐火用橄榄岩	Refractory Peridotite	2	1.05	30.00						

转让情况——按矿种分列（2023年） 续表1
and Transferred by Mineral（2023） Continued 1

采矿权出让 Mining Right Granted								采矿权转让 Mining Right Transferred	
探矿权转采矿权 Change of Exploration Right to Mining Right		协议出让 Granting through Agreement			“招拍挂”出让 Granting through Bidding, Auction and Listing				
生产能力/（万吨·年$^{-1}$） Capacity of Production/ (10^4t·a^{-1})	出让收益/万元 Income from Mining Right Granted/ 10^4 yuan	数量/个 Number	生产能力/（万吨·年$^{-1}$） Capacity of Production/ (10^4t·a^{-1})	出让收益/万元 Income from Mining Right Granted/ 10^4 yuan	数量/个 Number	生产能力/（万吨·年$^{-1}$） Capacity of Production/ (10^4t·a^{-1})	出让收益/万元 Income from Mining Right Granted/ 10^4 yuan	数量/个 Number	转让金额/万元 Amount of Mining Right Transferred/ 10^4 yuan
162.00	2622.52				1	30.00	50000.00		
165.00									
300.00	200000.00								
135.50	9.46								
		1	634.00	52987.47				1	8607.82
10.00	453.65								
220.00	5309.94							6	338.97
50.00	280.00				9	10670.00	558404.24	5	14560.73
					4	1725.00	191334.47	1	1.50
100.00	95.00							1	13.02
								3	1114.40
30.00	89.00				9	96.45	229.33		

矿产资源采矿许可证发证及采矿权出让、
Mining Licenses Issued and Mining Rights Granted

矿 种	Mineral	采矿许可证发证 Mining License Issued								
		许可证数/个 Number of License/number	面积/平方千米 Area/km^2	生产能力/(万吨·年$^{-1}$) Capacity of Production/(10^4t·a^{-1})	注销/个 Cancelled/number	注销面积/平方千米 Cancelled Area/km^2	数量/个 Number	生产能力/(万吨·年$^{-1}$) Capacity of Production/(10^4t·a^{-1})	出让收益/万元 Income from Mining Right Granted/10^4 yuan	数量/个 Number
熔剂用蛇纹岩	Serpentinite for Flux	3	5.27	270.00						
硫铁矿	Pyrite	80	199.32	2622.50	5	8.13	1	6.00	195.78	
钠硝石	Nitratine	2	130.47	140.20						
芒硝(含钙芒硝)	Mirabilite (Glauberite)	47	813.94	4237.00	3	4.69	1	200.00		1
重晶石	Barite	184	324.72	1118.40	5	1.28	1	35.00	11050.00	
毒重石	Witherite	10	12.43	48.00	2	2.79				
天然碱(Na_2CO_3)	Trona (Na_2CO_3)	13	119.01	1235.00			1	31.00	68000.00	1
电石用灰岩	Limestone for Calcium Carbide	13	13.28	4822.00	1	1.80				
制碱用灰岩	Limestone for Alkali Production	24	10.68	3715.00			1	250.00	6243.57	
化肥用白云岩	Dolomite for Fertilizer	1	0.33	5.00						
化肥用石英岩	Quartzite for Fertilizer	4	1.71	43.00						
化肥用砂岩	Sandstone for Fertilizer	6	4.30	74.00						
含钾岩石	Potassium-bearing Rock	4	1.85	58.00	1	1.35				
含钾砂页岩	Potassium-bearing Shale	1	0.95	10.00						
化肥用蛇纹岩	Serpentinite for Fertilizer	1	0.19	3.00						
泥炭	Peat	13	13.95	89.20	1	0.04				
矿盐	Mineral Salt	15	131.56	652.30						
岩盐	Rock Salt	99	248.22	9677.06			2	850.00		2
湖盐	Lake Salt	28	488.83	1059.19						
天然卤水	Natural Brine	31	449.68	3612.00			3	1854.00	946.20	
钾盐	Potash	15	9092.19	649.50						
溴	Bromine	37	38.46	3.02						
砷	Arsenic	2	3.11	1.06						
磷矿	Phosphate Rock	192	784.84	18583.00	4	9.76	10	1500.00	107889.54	9
金刚石	Diamond	1	0.75	14.50	1	0.18				
石墨	Graphite	105	144.79	4350.03	2	4.55	2	251.88	5555.69	2
水晶	Quartz Crystal	1	1.19	2.00						

转让情况——按矿种分列（2023年） 续表2
and Transferred by Mineral（2023） Continued 2

采矿权出让 Mining Right Granted								采矿权转让 Mining Right Transferred	
探矿权转采矿权 Change of Exploration Right to Mining Right		协议出让 Granting through Agreement			“招拍挂”出让 Granting through Bidding, Auction and Listing				
生产能力/(万吨·年$^{-1}$) Capacity of Production/(10^4t·a^{-1})	出让收益/万元 Income from Mining Right Granted/ 10^4 yuan	数量/个 Number	生产能力/(万吨·年$^{-1}$) Capacity of Production/(10^4t·a^{-1})	出让收益/万元 Income from Mining Right Granted/ 10^4 yuan	数量/个 Number	生产能力/(万吨·年$^{-1}$) Capacity of Production/(10^4t·a^{-1})	出让收益/万元 Income from Mining Right Granted/ 10^4 yuan	数量/个 Number	转让金额/万元 Amount of Mining Right Transferred/ 10^4 yuan
		1	6.00	195.78				2	2063.97
200.00									
					1	35.00	11050.00	3	381.75
31.00	68000.00								
					1	250.00	6243.57		
850.00									
					3	1854.00	946.20		
								1	172.11
1450.00	106987.79				1	50.00	901.75	5	2431.10
251.88	5555.69								

矿产资源采矿许可证发证及采矿权出让、
Mining Licenses Issued and Mining Rights Granted

矿 种	Mineral	采矿许可证发证 Mining License Issued								
		许可证数/个 Number of License/ number	面积/平方千米 Area/km^2	生产能力/(万吨·年$^{-1}$) Capacity of Production/ (10^4t·a^{-1})	注销/个 Cancelled/ number	注销面积/平方千米 Cancelled Area/km^2	数量/个 Number	生产能力/(万吨·年$^{-1}$) Capacity of Production/ (10^4t·a^{-1})	出让收益/万元 Income from Mining Right Granted/ 10^4 yuan	数量/个 Number
硅灰石	Wollastonite	41	24.00	221.20	19	3.63				
滑石	Talc	51	27.46	559.20	3	0.81				
石棉	Asbestos	5	5.32	13.40						
云母	Mica	10	8.13	47.50	4	35.66				
长石	Feldspar	120	83.07	2571.01	7	3.76	5	54.00	3129.33	3
电气石	Tourmaline	2	1.66	3.20						
石榴子石	Garnet	4	2.82	108.20						
叶蜡石	Pyrophyllite	35	14.38	242.10	2	0.25				
透辉石	Diopside	6	0.96	72.00	5	1.03				
蛭石	Vermiculite	2	1.10	5.50	1	6.74				
沸石	Zeolite	17	3.11	167.60	1	0.04				
透闪石	Tremolite	3	0.59	56.00						
石膏	Gypsum	199	171.01	4520.50	13	4.31	3	60.00	2322.81	2
方解石	Calcite	258	109.36	4209.50	19	20.37	7	35.00	883.33	
宝石	Gemstone	2	2.03	37.22						
玉石	Jade	72	79.92	3777.77			4	860.00	5500.00	1
玛瑙	Agate	3	0.91	2.92						
石灰岩	Limestone	861	229.00	49999.12	142	16.40	15	3710.00	127888.67	
水泥用石灰岩	Limestone for Cement	1234	988.21	257071.79	69	14.61	37	13776.00	891725.02	7
建筑石料用灰岩	Limestone for Construction Stone	3788	659.00	330556.97	672	90.28	189	33896.60	1370301.87	
饰面用灰岩	Decorative Limestone	239	73.43	6223.21	9	3.29	7	537.25	146861.00	
制灰用石灰岩	Limestone for Ash Making	112	24.77	6352.80	18	5.88	3	1400.00	32290.00	
含钾岩石	Potassium-bearing Rock	10	5.64	346	1	1.35	1	70.00	860.00	
泥灰岩	Marl	4	1.45	735.60	2	0.13				
白垩	Chalk	1	0.50	10.00						
白云岩	Dolomite	122	83.68	12298.10	28	2.59	8	5216.50	503303.15	2
玻璃用白云岩	Dolomite for Glass	4	0.87	170.80	2	0.20				
建筑用白云岩	Dolomite for Construction	273	54.97	25708.05	64	4.02	20	6275.77	189271.73	
石英岩	Quartzite	183	97.33	3846.95	25	7.23	5	1155.00	34893.37	

转让情况——按矿种分列（2023年） 续表3
and Transferred by Mineral（2023） Continued 3

采矿权出让 Mining Right Granted								采矿权转让 Mining Right Transferred	
探矿权转采矿权 Change of Exploration Right to Mining Right		协议出让 Granting through Agreement			“招拍挂”出让 Granting through Bidding, Auction and Listing				
生产能力/(万吨·年$^{-1}$) Capacity of Production/(10^4t·a^{-1})	出让收益/万元 Income from Mining Right Granted/10^4 yuan	数量/个 Number	生产能力/(万吨·年$^{-1}$) Capacity of Production/(10^4t·a^{-1})	出让收益/万元 Income from Mining Right Granted/10^4 yuan	数量/个 Number	生产能力/(万吨·年$^{-1}$) Capacity of Production/(10^4t·a^{-1})	出让收益/万元 Income from Mining Right Granted/10^4 yuan	数量/个 Number	转让金额/万元 Amount of Mining Right Transferred/10^4 yuan
								3	650.20
43.00	2931.33				2	11.00	198.00	5	3524.74
40.00	1172.81				1	20.00	1150.00	2	171.57
					7	35.00	883.33	2	483.57
150.00					3	710.00	5500.00	1	311.07
					15	3710.00	127888.67	6	3293.18
1880.00	52893.47				30	11896.00	838831.55	18	15230.84
					189	33896.60	1370301.87	31	210316.10
					7	537.25	146861.00	2	221.00
					3	1400.00	32290.00	5	6793.36
					1	70.00	860.00		
110.00	6662.76				6	5106.50	496640.39		
					20	6275.77	189271.73	5	17570.00
					5	1155.00	34893.37	5	581.57

矿产资源采矿许可证发证及采矿权出让、
Mining Licenses Issued and Mining Rights Granted

矿种	Mineral	采矿许可证发证 Mining License Issued								
		许可证数/个 Number of License/number	面积/平方千米 Area/km²	生产能力/(万吨·年$^{-1}$) Capacity of Production/(10^4t·a^{-1})	注销/个 Cancelled/number	注销面积/平方千米 Cancelled Area/km²	数量/个 Number	生产能力/(万吨·年$^{-1}$) Capacity of Production/(10^4t·a^{-1})	出让收益/万元 Income from Mining Right Granted/10^4 yuan	数量/个 Number
冶金用石英岩	Metallurgical Quartzite	109	69.12	1836.50	5	2.30	8	239.00	10952.63	5
玻璃用石英岩	Quartzite for Glass	89	43.63	4696.30	2	0.23	4	1268.00	462420.21	1
砂岩	Sandstone	174	38.83	5391.29	50	4.17	7	784.22	20797.13	1
玻璃用砂岩	Sandstone for Glass	49	28.92	2441.50	2	0.23	8	1194.00	57950.00	
水泥配料用砂岩	Sandstone for Cement Batching	116	33.21	5335.08	6	0.71	5	330.00	3430.00	2
砖瓦用砂岩	Sandstone for Brick and Tile	80	9.70	1198.48	15	0.46	3	87.00	1522.77	
陶瓷用砂岩	Sandstone for Ceramics	12	2.78	161.60	3	0.21				
建筑用砂岩	Sandstone for Construction	521	103.93	21195.55	52	4.91	32	5206.43	330803.13	
天然石英砂	Natural Quartz Sand	78	93.44	4799.80	2	0.02	9	992.60	381705.00	1
玻璃用砂	Sand for Glass	11	9.93	508.60						
海砂	Sea Sand	8	28.81	11838.64			3	3256.64	200573.27	
建筑用砂	Sand for Construction	1646	388.13	38120.57	322	76.08	272	9526.72	801178.00	
水泥配料用砂	Sand for Cement Batching	9	2.76	242.80	1	0.01				
水泥标准砂	Cement Standard Sand	1	0.01	3.00			1	3.00		
砖瓦用砂	Sand for Brick and Tile	21	2.06	552.41	1	0.10	6	432.00	1321.11	
脉石英	Vein Quartz	90	46.87	534.90	4	3.14	4	34.00	6354.75	2
玻璃用脉石英	Vein Quartz for Glass	39	24.10	520.50			2	35.00	1057.45	2
粉石英	Powder Quartz	5	1.17	45.10	1	0.02				
硅藻土	Diatomite	38	39.68	342.80	1	0.09	1	10.00	26.00	1
页岩	Shale	176	26.53	2198.84	54	2.06	6	222.00	3312.83	1
陶粒页岩	Shale for Ceramsite	12	3.73	458.50	5	0.26	2	156.00	9695.23	1
砖瓦用页岩	Shale for Brick and Tile	1200	77.69	13912.75	417	16.11	35	724.29	11738.13	
水泥配料用页岩	Shale for Cement Batching	60	13.03	1615.80	9	0.56	3	140.00	4127.50	
高岭土	Kaolin	199	239.48	4561.72	45	22.52	4	200.00	961.07	3

转让情况——按矿种分列（2023年） 续表4
and Transferred by Mineral（2023） Continued 4

采矿权出让 Mining Right Granted								采矿权转让 Mining Right Transferred	
探矿权转采矿权 Change of Exploration Right to Mining Right		协议出让 Granting through Agreement			“招拍挂”出让 Granting through Bidding, Auction and Listing				
生产能力/（万吨·年$^{-1}$） Capacity of Production/ (10^4t·a^{-1})	出让收益/万元 Income from Mining Right Granted/ 10^4 yuan	数量/个 Number	生产能力/（万吨·年$^{-1}$） Capacity of Production/ (10^4t·a^{-1})	出让收益/万元 Income from Mining Right Granted/ 10^4 yuan	数量/个 Number	生产能力/（万吨·年$^{-1}$） Capacity of Production/ (10^4t·a^{-1})	出让收益/万元 Income from Mining Right Granted/ 10^4 yuan	数量/个 Number	转让金额/万元 Amount of Mining Right Transferred/ 10^4 yuan
209.00	5312.95				3	30	5639.68	2	5556.26
18.00	120.21				3	1250.00	462300.00		
50.00					6	734.22	20797.13	2	3459.67
					8	1194.00	57950.00		
120.00	361.00				3	210.00	3069.00	1	34.83
					3	87.00	1522.77		
					32	5206.43	330803.13	2	7.99
30.00					8	962.60	381705.00	1	20.15
					3	3256.64	200573.27		
					272	9526.72	801178.00	24	9197.69
					1	3.00			
					6	432.00	1321.11		
22.00	434.75				2	12.00	5920.00	3	519.56
35.00	1057.45								
10.00	26.00								
80.00	866.42				5	142.00	2446.41	1	9.36
150.00	9675.89				1	6.00	19.34		
					35	724.29	11738.13	9	244.37
					3	140.00	4127.50		
160.00	270.00				1	40.00	691.07	3	815.26

矿产资源采矿许可证发证及采矿权出让、
Mining Licenses Issued and Mining Rights Granted

矿　种	Mineral	采矿许可证发证 Mining License Issued								
		许可证数/个 Number of License/ number	面积/平方千米 Area/km²	生产能力/(万吨·年⁻¹) Capacity of Production/ (10^4t·a^{-1})	注销/个 Cancelled/ number	注销面积/平方千米 Cancelled Area/km²	数量/个 Number	生产能力/(万吨·年⁻¹) Capacity of Production/ (10^4t·a^{-1})	出让收益/万元 Income from Mining Right Granted/ 10^4 yuan	数量/个 Number
陶瓷土	Ceramic Clay	219	120.55	8954.26	47	11.89	7	52.66	18157.21	1
凹凸棒石黏土	Attapulgite Clay	16	20.44	132.96	6	0.38				
海泡石黏土	Sepiolite Clay	2	1.95	20.00						
伊利石黏土	Illite Clay	22	17.56	524.74						
膨润土	Bentonite	108	86.17	869.04	8	3.99	3	33.00	220.36	3
砖瓦用黏土	Clay for Brick and Tile	583	54.93	3264.03	1009	48.74	29	286.71	3326.01	
陶粒用黏土	Clay for Ceramsite	10	8.48	99.13	1					
水泥用黏土	Clay for Cement	59	25.01	1320.07	7	1.51	4	84.50	1364.03	
水泥配料用红土	Laterite for Cement Batching	2	0.09	33.00						
水泥配料用黄土	Loess for Cement Batching	3	0.39	42.00	1	0.01	2	32.00	292.37	
水泥配料用泥岩	Mudstone for Cement Batching	18	4.96	625.20	1	0.01	1	100.00	1161.00	1
保温材料用黏土	Clay for Insulation	2	4.57	16.00						
橄榄岩	Peridotite	6	25.90	225.20						
建筑用橄榄岩	Peridotite for Construction	3	19.86	6.40						
蛇纹岩	Serpentinite	16	3.37	103.00						
饰面用蛇纹岩	Decorative Serpentinite	1	0.97	5.30						
玄武岩	Basalt	106	24.89	5089.85	9	1.04	5	3013.89	303091.85	
铸石用玄武岩	Basalt for Cast Stone	1	0.10	13.20						
岩棉用玄武岩	Basalt for Rock Wool	2	0.37	42.00						
建筑用玄武岩	Basalt for Construction	246	42.12	6353.69	14	1.35	20	1287.41	250983.76	
辉绿岩	Diabase	19	6.20	143.42	7	0.67				
建筑用辉绿岩	Diabase for Construction	62	19.45	2897.77	7	0.98	4	372.00	9649.95	
饰面用辉绿岩	Decorative Diabase	22	7.42	212.42			2	41.95	8440.87	1
安山岩	Andesite	7	0.52	71.00	9	0.43				
饰面用安山岩	Decorative Andesite	1	1.07	1.16						
建筑用安山岩	Andesite for Construction	164	28.12	6621.02	46	2.97	26	1805.72	112555.89	

转让情况——按矿种分列（2023年） 续表5

and Transferred by Mineral（2023） Continued 5

采矿权出让 Mining Right Granted								采矿权转让 Mining Right Transferred	
探矿权转采矿权 Change of Exploration Right to Mining Right		协议出让 Granting through Agreement			"招拍挂"出让 Granting through Bidding, Auction and Listing				
生产能力/(万吨·年$^{-1}$) Capacity of Production/(10^4t·a^{-1})	出让收益/万元 Income from Mining Right Granted/10^4 yuan	数量/个 Number	生产能力/(万吨·年$^{-1}$) Capacity of Production/(10^4t·a^{-1})	出让收益/万元 Income from Mining Right Granted/10^4 yuan	数量/个 Number	生产能力/(万吨·年$^{-1}$) Capacity of Production/(10^4t·a^{-1})	出让收益/万元 Income from Mining Right Granted/10^4 yuan	数量/个 Number	转让金额/万元 Amount of Mining Right Transferred/10^4 yuan
9.50	1153.00				6	43.16	17004.21	4	180.91
								2	1500.37
33.00	220.36							1	42.25
					29	286.71	3326.01	17	320.49
					4	84.50	1364.03		
					2	32.00	292.37		
100.00	1161.00								
					5	3013.89	303091.85	2	101.73
					20	1287.41	250983.76	3	736.38
					4	372.00	9649.95	1	542.00
2.95	100.87				1	39.00	8340.00		
					26	1805.72	112555.89		

矿产资源采矿许可证发证及采矿权出让、

Mining Licenses Issued and Mining Rights Granted

矿种	Mineral	采矿许可证发证 Mining License Issued								
		许可证数/个 Number of License/ number	面积/平方千米 Area/km²	生产能力/(万吨·年⁻¹) Capacity of Production/ (10^4t·a^{-1})	注销/个 Cancelled/ number	注销面积/平方千米 Cancelled Area/km²	数量/个 Number	生产能力/(万吨·年⁻¹) Capacity of Production/ (10^4t·a^{-1})	出让收益/万元 Income from Mining Right Granted/ 10^4 yuan	数量/个 Number
闪长岩	Diorite	12	3.66	457.50	9	0.30				
建筑用闪长岩	Diorite for Construction	69	15.85	4109.68	18	0.73	4	971.43	133634.12	
花岗岩	Granite	109	63.53	1884.96	41	8.16	3	104.00	2235.67	1
建筑用花岗岩	Granite for Construction	898	201.37	55990.89	236	15.30	104	15943.93	4252479.29	
饰面用花岗岩	Decorative Granite	523	345.85	7729.06	35	6.06	21	430.22	125259.22	5
麦饭石	Maifanite	5	0.44	61.00	1	0.002				
珍珠岩	Perlite	28	9.17	399.50						
浮石	Pumice	8	2.14	40.31						
粗面岩	Trachyte	1	1.95	12.00						
铸石用粗面岩	Trachyte for Cast Stone	2	0.37	45.00						
霞石正长岩	Nepheline Syenite	10	6.60	361.00	3	0.24				
凝灰岩	Tuff	24	8.04	4540.04	6	0.16	2	310.00	4496.01	
水泥用凝灰岩	Tuff for Cement	8	2.60	76.85						
建筑用石料（凝灰岩）	Stone (Tuff) for Construction	420	91.13	46872.58	158	16.32	30	6604.76	634663.81	
火山灰	Volcanic Ash	1	0.20	1.50						
火山渣	Scoria	6	3.44	79.08	1	0.42				
大理岩	Marble	131	52.52	3426.62	13	11.68	3	509.00	79137.94	
饰面用石料（大理石）	Decorative Stone (Marble)	190	127.09	2311.75	37	10.02	6	126.78	10363.81	
建筑用大理岩	Marble for Construction	85	21.18	1775.94	23	5.32	5	246.28	30682.34	
水泥用大理石	Marble for Cement	85	35.56	5633.42	2	0.11	5	260.00	7359.45	1
玻璃用大理石	Marble for Glass				1	0.32				
板岩	Slate	32	10.52	1059.48	24	0.71	2	117.56	9900.00	
饰面用板岩	Decorative Slate	37	13.26	150.79						
水泥配料用板岩	Slate for Cement Batching	1	0.56	17.70						
片麻岩	Gneiss	79	25.02	8593.40	21	1.17	16	5255.88	692142.40	
角闪岩	Amphibolite	14	3.55	538.00			1	5.50	8.63	
硼矿	Boron	26	402.30	438.50	1	0.06				
矿泉水	Mineral Water	526	297.97	5469.69	23	31.19	27	820.43	15037.66	17
地下水	Ground Water	9	15.65	335.54	1	0.19				
二氧化碳气	Carbon Dioxide	3	32.90	2.22						

转让情况——按矿种分列（2023年） 续表6
and Transferred by Mineral（2023） Continued 6

采矿权出让 Mining Right Granted								采矿权转让 Mining Right Transferred	
探矿权转采矿权 Change of Exploration Right to Mining Right		协议出让 Granting through Agreement			“招拍挂”出让 Granting through Bidding, Auction and Listing				
生产能力/(万吨·年$^{-1}$) Capacity of Production/(10^4t·a^{-1})	出让收益/万元 Income from Mining Right Granted/10^4 yuan	数量/个 Number	生产能力/(万吨·年$^{-1}$) Capacity of Production/(10^4t·a^{-1})	出让收益/万元 Income from Mining Right Granted/10^4 yuan	数量/个 Number	生产能力/(万吨·年$^{-1}$) Capacity of Production/(10^4t·a^{-1})	出让收益/万元 Income from Mining Right Granted/10^4 yuan	数量/个 Number	转让金额/万元 Amount of Mining Right Transferred/10^4 yuan
					4	971.43	133634.12	2	184.87
4.00	1536.03				2	100.00	699.64	2	4754.55
					104	15943.93	4252479.29	14	10458.19
49.00	4185.41				16	381.22	121073.81	9	7975.05
								1	15.80
					2	310.00	4496.01		
								1	1643.78
					30	6604.76	634663.81	5	1267.65
					3	509.00	79137.94	1	1606.95
					6	126.78	10363.81	2	5931.30
					5	246.28	30682.34		
35.00	661.68				4	225.00	6697.77	2	262.36
					2	117.56	9900.00		
					16	5255.88	692142.40	1	205.25
					1	5.50	8.63	1	27502.01
685.95	1656.02				10	134.48	13381.64	6	1611.66

矿产资源采矿许可证发证及采矿权出让、
Mining Licenses Issued and Mining Rights Granted

企业经济类型	Economic Type of Enterprise	采矿许可证发证 Mining Licenses Issued								
		许可证数/个 Number of License/number	面积/平方千米 Area/km^2	生产能力/(万吨·年$^{-1}$) Capacity of Production/(10^4t·a^{-1})	注销/个 Cancelled/number	注销面积/平方千米 Cancelled Area/km^2	数量/个 Number	生产能力/(万吨·年$^{-1}$) Capacity of Production/(10^4t·a^{-1})	出让收益/万元 Income from Mining Right Granted/10^4 yuan	数量/个 Number
总　计	**Total**	**30514**	**331800.33**	**1939758.07**	**4356**	**1191.17**	**1377**	**171906.58**	**17610397.50**	**304**
内资企业	**Domestic Funded Enterprise**	**30208**	**320780.80**	**1902260.64**	**4346**	**1178.28**	**1375**	**171862.06**	**17610198.00**	**303**
国有企业	State-owned Enterprise	959	40395.49	140912.45	69	108.28	121	28400.75	2680322.85	26
集体企业	Collective-owned Enterprise	353	276.05	6427.05	218	34.65	5	18.04	357.04	
股份合作企业	Cooperative Stock Enterprise	96	4894.69	4766.74	30	12.47	2	60.00	1910.00	
联营企业	Joint Ownership Enterprise	47	33.81	7129.00	17	1.61	1	4.51		1
有限责任公司	Limited Liability Corporation	23039	72862.17	1505074.11	1651	678.74	1120	137341.25	14617460.08	229
股份有限公司	Share Holding Company Limited	1712	200594.97	161202.17	60	92.17	65	3567.26	155667.66	41
私营企业	Private Enterprise	3758	1665.23	72601.05	2191	239.85	50	2293.34	153343.84	5
其他企业	Other Enterprises	244	58.39	4148.07	110	10.52	11	176.91	1136.53	1
港澳台商投资企业	**Enterprise with Fund from Hong Kong, Macao and Taiwan**	**175**	**6184.75**	**24123.32**	**6**	**12.38**	**1**	**20.00**	**199.50**	
外商投资企业	**Foreign-funded Enterprise**	**131**	**4834.78**	**13374.11**	**4**	**0.51**	**1**	**24.52**		**1**

转让情况——按企业经济类型分列（2023年）

and Transferred by Economic Type of Enterprise（2023）

采矿权出让 Mining Right Granted								采矿权转让 Mining Right Transferred	
探矿权转采矿权 Change of Exploration Right to Mining Right		协议出让 Granting through Agreement			“招拍挂”出让 Granting through Bidding, Auction and Listing				
生产能力/（万吨·年$^{-1}$）Capacity of Production/（10^4t·a^{-1}）	出让收益/万元 Income from Mining Right Granted/ 10^4 yuan	数量/个 Number	生产能力/（万吨·年$^{-1}$）Capacity of Production/（10^4t·a^{-1}）	出让收益/万元 Income from Mining Right Granted/10^4 yuan	数量/个 Number	生产能力/（万吨·年$^{-1}$）Capacity of Production/（10^4t·a^{-1}）	出让收益/万元 Income from Mining Right Granted/ 10^4 yuan	数量/个 Number	转让金额/万元 Amount of Mining Right Transferred/ 10^4 yuan
27208.48	**4319475.69**	**3**	**644.00**	**54643.64**	**1070**	**144054.10**	**13236278.17**	**350**	**4374829.63**
27183.96	**4319475.69**	**3**	**644.00**	**54643.64**	**1069**	**144034.10**	**13236078.67**	**346**	**4374829.63**
3504.37	906479.30				95	24896.37	1773843.55	5	41266.79
					5	18.04	357.04		
					2	60.00	1910.00		
4.51									
21649.19	3397589.42	3	644.00	54643.64	888	115048.06	11165227.02	313	4310702.57
1491.18	11402.93				24	2076.08	144264.73	4	16266.09
530.02	3977.96				45	1763.32	149365.88	23	6397.89
4.68	26.08				10	172.23	1110.45	1	196.30
					1	**20.00**	**199.50**		
24.52								**4**	

全国石油、天然气开发利用
National Oil and Natural Gas Exploitation

地 区	Region	油气田总数/个 Number of Oil & Gas Field/number				从业人数/人 Employee/person	石油产量/万吨 Oil Production/10^4 t
			大型 Large	中型 Medium	小型 Small		
总 计	**Total**	**1118**	**158**	**507**	**453**	**535228**	**20862.24**
天 津	Tianjin	27	4	16	7	17870	129.47
河 北	Hebei	67	5	38	24	28337	668.24
山 西	Shanxi	4	2	2		1422	
内蒙古	Inner Mongolia						251.51
辽 宁	Liaoning	42	6	22	14	32910	910.18
吉 林	Jilin	50	6	22	22	17879	407.76
黑龙江	Heilongjiang	55	13	19	23	61858	2928.98
江 苏	Jiangsu	65		11	54	6352	154.52
浙 江#	Zhejiang						
安 徽	Anhui						3.69
山 东	Shandong	79	16	50	13	58409	2234.27
河 南	Henan	56	6	23	27	29871	191.57
湖 北	Hubei	33		7	26	11672	53.10
广 东	Guangdong						0.36
广 西#	Guangxi						
海 南	Hainan	6		2	4	171	32.00
重 庆	Chongqing						1.63
四 川	Sichuan	145	18	48	79	27681	16.85
陕 西	Shaanxi	74	23	36	15	166682	2654.85
甘 肃	Gansu	11	2	4	5	6827	1146.95
青 海	Qinghai	35	5	16	14	14304	24.67
宁 夏	Ningxia						235.00
新 疆	Xinjiang	111	24	51	36	39632	3272.52
渤 海	Bo Hai	98	11	60	27	7729	3404.19
东 海	East China Sea	21	2	12	7	1593	49.34
南 海	South China Sea	135	15	68	52	3423	2088.70

注：①中国石油长庆、华北、大港和西南经济数据未按省份分列，本表将中国石油长庆全部计入陕西，中国石油华北全部计入河

②内蒙古石油产量为地方小公司产量。

③本表不包括页岩气和煤层气。

④依据《中华人民共和国统计法》第二十五条，不予公布的数据用“#”表示，由此会导致表中总数与分项累加不一致。

Notes: ①The data of the Changqing, North China, Dagang and Southwest oil fields of China National Petroleum Corporation（CNPC）are not included in Tianjin and CNPC Southwest are included in Sichuan.

②Oil production of Inner Mongolia is the output of local small companies.

③The data of shale gas and coalbed methane are not included in the table.

④According to Article 25 of the Statistics Law of the People's Republic of China, data that are not to be released are indicated by "#", which can

情况——按地区分列（2023年）

and Utilization by Region（2023）

天然气产量/亿立方米 Natural Gas Production/10^8 m^3	工业总产值/万元 Gross Industrial Output Value/10^4 yuan	工业增加值/万元 Industrial Added Value/10^4 yuan	销售收入/万元 Sales Revenue/10^4 yuan	年利税总额/万元 Total Amount of Annual Profit and Tax/10^4 yuan
1930.38	**122705400.83**	**94466153.84**	**122880544.21**	**55671272.18**
2.37	1592982.00	1376989.00	1669758.00	−129221.00
14.05	2762053.00	2179065.00	2818912.57	98171.00
33.48	928160.74	113638.00	872958.06	440095.45
163.85				
7.99	3632476.00	2477843.00	3445848.00	900847.00
21.20	1626940.00	1435113.00	1858438.79	−1604.52
56.69	13027507.00	11306015.00	13814485.00	5581239.00
0.71	981296.00	772816.89	981735.94	254636.20
8.86	8894100.00	7204031.00	7733854.91	3288730.25
2.50	2603949.00	1820423.00	2815712.65	588280.62
0.47	1593447.00	1391269.00	1591521.65	5539.48
1.04	150682.00	138506.00	156815.15	84388.99
40.81				
397.36	8877015.71	3911168.00	8582348.00	2001707.16
467.89	31902878.90	21982844.40	33492177.65	13037956.10
11.51	311043.00	271377.00	595759.00	50790.00
7.32	1472637.00	1604430.00	1456409.00	384591.00
60.00				
407.45	15002849.08	12290377.38	15006642.87	6893323.35
35.25	13446255.89	12943365.93	13271074.99	12069508.00
36.44	1076290.97	497618.85	1055664.17	341125.17
153.13	12513176.23	10749369.00	11355238.10	10025067.12

北，中国石油大港全部计入天津，中国石油西南全部计入四川。

listed by province. In this table，the data of CNPC Changqing are included in Shaanxi，CNPC North China are included in Hebei，CNPC Dagang are

lead to inconsistencies between the total and the cumulative subtotals in the table.

全国非油气矿产资源开发利用
National Non−petroleum Mineral Resources

地 区	Region	矿山数/个 Number of Mine/number			从业人数/人 Employee/person	矿石产量/万吨 Ore Output/10^4 t
			大型 Large	中型 Medium		
总 计	**Total**	**38103**	**10506**	**10771**	**3384332**	**1134998.99** **1235066.06**[①]
北 京	Beijing	96	42	39	806	439.76
天 津	Tianjin	321	131	138	3758	4422.98
河 北	Hebei	1882	257	405	131080	22040.72
山 西	Shanxi	2446	559	712	826660	125487.75
内蒙古	Inner Mongolia	3024	525	706	233941	134900.79
辽 宁	Liaoning	1002	216	228	100397	28878.50
吉 林	Jilin	859	265	253	38681	12269.90
黑龙江	Heilongjiang	1164	231	245	117652	24906.63
上 海	Shanghai					
江 苏	Jiangsu	199	82	29	20700	11623.25
浙 江	Zhejiang	562	304	93	17543	39796.56
安 徽	Anhui	795	341	120	143386	62670.66
福 建	Fujian	648	204	150	25736	16711.20
江 西	Jiangxi	1741	466	425	69395	41706.02
山 东	Shandong	1006	448	299	202181	43707.53
河 南	Henan	1227	322	205	236612	42335.93
湖 北	Hubei	840	404	152	48926	34115.60
湖 南	Hunan	1026	386	196	76908	20652.20
广 东	Guangdong	992	427	242	37815	40151.59
广 西	Guangxi	1771	844	495	64111	68580.07
海 南	Hainan	109	87	20	7134	4860.41
重 庆	Chongqing	663	303	174	15136	29720.56
四 川	Sichuan	3058	546	973	115667	34305.07
贵 州	Guizhou	3570	969	1689	237731	39255.34
云 南	Yunnan	2652	626	576	139227	39044.94
西 藏	Xizang	205	33	65	9664	7674.18
陕 西	Shaanxi	1764	393	556	215528	82986.46
甘 肃	Gansu	1466	266	413	85969	20685.26
青 海	Qinghai	367	106	108	25712	12007.73
宁 夏	Ningxia	206	93	77	38515	14792.09
新 疆	Xinjiang	2442	630	988	97761	74269.29

注：①其中煤炭、铁矿石产量采用的是国家统计局公布的数据。

②设计采矿能力指矿山企业在设计任务书和技术文件中规定的正常条件下达到的矿山生产能力，是最终设计确定的年度主矿产的生

Notes: ①The output of coal and iron ore is based on the data published by the National Bureau of Statistics.

②Designed mining capacity refers to the normal production capacity of a mining enterprise under the conditions specified in the design task book divided into five categories: production, shutdown, construction, closure, and pit closure. This indicator represents the total production capacity of mines in

情况——按地区分列（2023年）
Exploitation and Utilization by Region （2023）

设计采矿能力②/（万吨·年$^{-1}$）Designed Mining Capacity/(10^4 t·a^{-1})	工业总产值/万元 Gross Industrial Output Value/10^4 yuan	综合利用产值/万元 Output Value of Comprehensive Use/10^4 yuan	矿产品销售收入/万元 Sales Revenue of Mineral Commodity/10^4 yuan	利润总额/万元 Total Profit/10^4 yuan	年投资额/万元 Annual Investment/10^4 yuan
2489802.33	**317021622.01**	**10795911.60**	**310467874.95**	**78890687.02**	**59347256.32**
2221.07	9546.61		28637.04	-2033.76	3412.04
5479.90	138321.00		104783.89	7214.93	196541.83
74371.11	6387842.33	197555.46	6493291.82	1502442.79	1648142.01
186084.78	76259132.27	51645.02	73161872.31	18661950.34	7210159.77
223750.36	47876441.21	925454.48	50778416.21	14614633.13	5221212.30
72692.41	6955198.51	159121.27	6004350.69	1020153.42	739388.86
46393.71	1856671.09	44948.98	1842083.41	261001.64	452790.53
49878.58	5122950.72	865700.13	5337471.99	1220442.12	1409746.75
21425.97	1685452.43	94622.23	1606834.22	301186.56	162593.13
100014.93	2623037.04	100420.36	2509198.28	237259.95	651596.07
133319.34	14648972.22	617123.92	14733661.17	3027786.90	3380579.96
49439.30	1922330.13	229316.45	1850890.22	436207.53	640645.59
86633.15	4892535.73	902447.08	4793736.73	882149.87	2356947.27
82005.00	13344830.94	471541.72	12933339.07	3223387.48	3173762.70
97352.09	11413969.04	579136.94	11160537.36	1862340.67	2456559.59
99025.74	4321544.32	276588.19	4091103.56	908766.65	1806560.26
53520.84	3608093.35	132639.97	3498778.04	432375.69	1343385.34
130668.73	3722416.38	116211.12	3395209.23	451832.11	1797913.08
170808.92	5248953.79	229566.67	4641724.14	452075.75	1884683.64
14397.69	499163.82	669.04	505162.99	58541.90	211142.77
38011.08	1141664.32	12310.44	1083931.19	77042.17	335390.91
99335.60	6233167.26	449211.48	5761811.36	1166313.54	1537442.15
148788.58	10182751.19	258179.27	9856847.10	790471.12	3987362.05
88089.18	8474735.18	560962.97	7406162.77	1227984.86	2296348.57
23155.01	2450134.56	820462.51	2412825.10	900536.72	790097.16
144516.80	46358095.26	146121.98	43799659.07	18618164.39	5392947.30
54127.99	5767296.78	248418.53	5788688.00	1157516.81	2247757.81
27859.79	5380030.97	1320403.84	5681223.23	2611360.50	699707.29
25878.69	3955338.23	913.76	3926259.96	672956.34	460279.02
140555.98	14541005.30	984217.82	15279384.79	2108624.90	4852160.57

产能力。矿山生产状态分为生产、停产、筹建、关闭、闭坑，此项指标合计以上五种状态矿山的生产能力。

and technical documents, and is the production capacity of the annual main mineral determined by the final design. The production status of mines is these five categories.

全国非油气矿产资源开发利用
National Non–petroleum Mineral Resources

矿 种	Mineral	矿山数/个 Number of Mine/number	大型 Large	中型 Medium	从业人数/人 Employee/person	矿石产量/万吨 Ore Output/10^4 t
总 计	**Total**	**38103**	**10506**	**10771**	**3384332**	**1134998.99** **1235066.06**①
煤炭	Coal	4238	1137	1575	2273258	409125.28 465838.00②
油页岩	Oil Shale	22	10	8	2613	896.47
油砂#	Oil Sand					
石煤	Bone Coal	62	2	7	580	0.20
天然沥青#	Natural Asphalt					
地下热水	Geotherm	1431	526	449	27036	15289.50
铁矿	Iron	2536	205	493	180993	55701.15 99055.50③
锰矿	Manganese	225	47	86	11039	398.84
铬矿	Chromium	11	1	4	458	17.65
钛矿	Titanium	55	35	12	1020	378.30
钒矿	Vanadium	85	61	18	2037	56.69
铜矿	Copper	635	43	88	72805	22039.50
铅矿	Lead	635	6	60	33237	1714.59
锌矿	Zinc	316	15	56	28844	3508.16
铝土矿	Bauxite	285	19	74	12209	3684.80
镁矿	Magnesium	8	2	5	207	77.93
镍矿	Nickel	43	4	17	8363	1681.35
钴矿#	Cobalt					
钨矿	Tungsten	123	8	22	17185	1457.55
锡矿	Tin	55	2	14	14573	517.43
铋矿	Bismuth	4			50	
钼矿	Molybdenum	132	39	29	16170	9447.33
汞矿	Mercury	8			413	6.79
锑矿	Antimony	50		3	8432	131.70
铅锌矿	Lead and Zinc	18	1		856	144.83
铂矿	Platinum	5	2	2	22	
砂金#	Placer Gold					
金矿	Glod	1184	148	311	107987	5553.60
银矿	Silver	113	16	11	8995	546.25
铌钽矿	Niobium–Tantalum	5	2	1	1151	155.34
铌矿#	Niobium					

注：①其中煤炭、铁矿石产量采用的是国家统计局公布的数据。

②③采用国家统计局公布的数据。

④设计采矿能力指矿山企业在设计任务书和技术文件中规定的正常条件下达到的矿山生产能力，是最终设计确定的年度主矿产的生

⑤依据《中华人民共和国统计法》第二十五条，不予公布的数据用“#”表示，由此会导致表中总数与分项累加不一致。

Notes：①The output of coal and iron ore is based on the data published by the National Bureau of Statistics.

②③The data use those published by the National Bureau Statistics.

④Designed mining capacity refers to the normal production capacity of a mining enterprise under the conditions specified in the design task book divided into five categories: production, shutdown, construction, closure, and pit closure. This indicator represents the total production capacity of mines in

⑤According to Article 25 of the Statistics Law of the People's Republic of China, data that are not to be released are indicated by “#”, which can

情况——按矿种分列（2023年）
Exploitation and Utilization by Mineral（2023）

设计采矿能力[④]/（万吨·年$^{-1}$）Designed Mining Capacity/(10^4 t·a^{-1})	工业总产值/万元 Gross Industrial Output Value/10^4 yuan	综合利用产值/万元 Output Value of Comprehensive Use/10^4 yuan	矿产品销售收入/万元 Sales Revenue of Mineral Commodity/10^4 yuan	利润总额/万元 Total Profit/10^4 yuan	年投资额/万元 Annual Investment/10^4 yuan
2489802.33	**317021622.01**	**10795911.60**	**310467874.95**	**78890687.02**	**59347256.32**
591235.88	217319501.85	1126155.32	211163159.29	59298375.32	27172560.31
7577.00	88635.62		107027.57	−83592.87	28680.13
644.00	34.95		34.95	9.01	21050.00
36757.61	423831.42		451379.23	−32982.03	787277.14
143530.77	17088350.45	1267007.98	19659811.42	4002435.41	2914440.25
2274.14	269933.31	15417.15	266005.84	−1036.25	206982.31
43.30	42337.49		45465.17	14675.13	7930.35
2173.32	46342.43	21266.80	42090.02	11255.90	29908.40
2589.70	49664.30		41066.20	−16057.82	112772.46
45135.12	8887553.68	2653396.57	8819918.43	2594809.69	1342187.46
6442.88	1936760.01	282054.96	1782159.77	351193.43	592854.68
8118.37	2886019.75	722171.42	2766313.30	868526.92	1211198.44
9188.37	2505890.25	55504.99	2339449.99	194277.51	210379.32
667.00	8127.52		8953.55	−33.96	16958.70
3184.40	1643365.66	111537.55	1649419.72	81216.16	280801.13
3225.23	862625.33	133280.16	870989.38	151688.43	156708.82
1089.95	717957.10	138385.10	670720.31	148895.83	177085.42
15.50					100.00
22888.06	3456279.47	436621.16	3434620.36	1617977.91	385431.50
37.00	7872.27	2.60	7758.55	862.57	13668.99
373.30	474716.41	54019.74	489407.85	53806.98	110051.31
299.50	162375.81	18440.34	159244.06	91087.00	24669.40
120.00					900.00
16989.93	6466228.70	239876.32	6346112.01	1693473.50	2772895.37
2453.24	485893.96	72714.11	498734.56	101839.03	125834.59
468.00	218001.94	206435.66	175005.79	102305.73	16706.54

产能力。矿山生产状态分为生产、停产、筹建、关闭、闭坑，此项指标合计以上五种状态矿山的生产能力。

and technical documents, and is the production capacity of the annual main mineral determined by the final design. The production status of mines is these five categories.
lead to inconsistencies between the total and the cumulative subtotals in the table.

全国非油气矿产资源开发利用情况
National Non-petroleum Mineral Resources

矿种	Mineral	矿山数/个 Number of Mine/number			从业人数/人 Employee/person	矿石产量/万吨 Ore Output/10^4 t
			大型 Large	中型 Medium		
钽矿#	Tantalum					
铍矿#	Beryllium					
锂矿	Lithium	21	13	4	3688	542.29
锆矿#	Zirconium					
锶矿	Strontium	6		3	247	20.96
铷矿#	Rubidium					
重稀土矿	Heavy Rare Earth Elements	7	2		71	107.22
轻稀土矿	Light Rare Earth Elements	63	12	17	1859	1075.23
锗矿	Germanium	7	1		1618	221.18
碲矿#	Tellurium					
蓝晶石#	Kyanite					
矽线石	Sillimanite	6		1	111	
红柱石	Andalusite	7	1	2	215	59.15
菱镁矿	Magnesite	59	12	15	3834	1160.25
普通萤石	Fluorite	817	54	116	16553	789.52
熔剂用灰岩	Limestone for Flux	186	81	37	10480	16456.68
冶金用白云岩	Metallurgical Dolomite	157	53	22	3409	4275.16
冶金用石英岩	Metallurgical Quartzite	368	53	94	4042	1472.26
冶金用砂岩#	Metallurgical Sandstone					
铸型用砂岩	Foundry Sandstone	5	1	1	70	12.00
铸型用砂	Foundry Sand	37	3	20	917	202.07
冶金用脉石英	Metallurgical Vein Quartz	151	9	20	1492	86.85
耐火黏土	Refractory Clay	86	6	18	2550	150.01
铁矾土	Ferroalumina	5		2	43	
其他黏土	Other Clays	16	4	8	57	17.80
铸型用黏土#	Foundry Clay					
耐火用橄榄岩#	Refractory Peridotite	R				
熔剂用蛇纹岩#	Serpentinite for Flux					
硫铁矿	Pyrite	124	11	22	10678	1097.90
钠硝石#	Nitratine					
芒硝	Mirabilite (Glauberite)	60	30	12	2443	699.41
重晶石	Barite	267	25	125	3329	204.92
毒重石	Witherite	18		4	241	9.87
天然碱	Trona (Na_2CO_3)	14	5	1	2986	1081.40
电石用灰岩	Limestone for Calcium Carbide	34	10	3	976	2241.36

——按矿种分列（2023年） 续表1
Exploitation and Utilization by Mineral（2023） Continued 1

设计采矿能力[④]/（万吨·年$^{-1}$）Designed Mining Capacity/(10^4 t·a^{-1})	工业总产值/万元 Gross Industrial Output Value/10^4 yuan	综合利用产值/万元 Output Value of Comprehensive Use/10^4 yuan	矿产品销售收入/万元 Sales Revenue of Mineral Commodity/10^4 yuan	利润总额/万元 Total Profit/10^4 yuan	年投资额/万元 Annual Investment/10^4 yuan
8054.07	1592100.96	176424.98	1708547.92	919074.05	481308.00
132.00	13575.32	656.69	12236.26	561.15	6117.11
624.49	15530.82		14534.62	5206.86	5.67
4028.45	428120.20	27993.51	386210.06	147502.74	56939.48
429.00	57466.17		57466.17	12747.54	9402.46
37.00					31.69
181.20	14626.80	13.00	13205.23	-46.21	3789.27
2445.90	225133.55	11674.63	210542.98	43479.40	21799.77
3270.28	657265.16	60902.50	1689265.97	135141.78	343913.40
36865.12	1603156.39	60416.89	966125.96	121745.68	367713.03
17984.33	254137.40	21431.99	281604.60	-6967.35	499620.53
5355.02	222293.35	54095.56	190803.86	25983.79	84714.19
40.00	5703.50		2624.76	952.57	952.80
733.80	33053.81		35790.59	2849.66	8402.65
857.15	13065.81	897.58	12767.97	-9.74	27673.12
638.70	56422.37	6127.00	158715.70	2941.29	12829.37
57.20					850.00
134.65	221.60				5983.96
2857.90	638875.93	146608.11	604632.94	123271.28	147168.44
4482.60	95735.03	24252.83	88389.13	-1254.84	72871.51
1480.75	77686.12	1966.21	76574.13	9695.98	54650.51
87.00	7321.90	211.59	5661.64	862.84	2437.51
1334.30	514461.98	2091.00	497209.19	205431.45	98497.12
4959.26	328193.71	1129.04	196863.45	50455.68	27083.28

全国非油气矿产资源开发利用情况

National Non-petroleum Mineral Resources

矿种	Mineral	矿山数/个 Number of Mine/number			从业人数/人 Employee/person	矿石产量/万吨 Ore Output/10^4 t
			大型 Large	中型 Medium		
制碱用灰岩	Limestone for Alkali Production	29	13	8	1895	2485.02
化肥用灰岩#	Limestone for Fertilizer					
化工用白云岩	Dolomite for Chemical Industry	8	1	2	138	77.04
化肥用石英岩	Quartzite for Fertilizer	8	1	4	45	24.75
化肥用砂岩	Sandstone for Fertilizer	11	2	3	52	0.60
含钾砂页岩#	Potassium-bearing Sandy Shale					
含钾岩石	Potassium-bearing Rock	14	2	7	164	3.36
化肥用橄榄岩#	Peridotite for Fertilizer					
化肥用蛇纹岩	Serpentinite for Fertilizer	5			97	
泥炭	Peat	20		4	161	4.20
盐矿	Salt	38	24	5	2494	706.67
镁盐	Magnesium Salt	6	2	2	138	
钾盐	Potash	19	13	4	11475	7437.43
溴矿	Bromine	42		1	1401	40.18
砷矿#	Arsenic					
磷矿	Phosphate Rock	275	69	120	31091	7217.74
硼矿	Boron	32	11	12	1394	539.72
岩盐	Rock Salt	104	85	13	16152	6567.60
天然卤水	Natural Brine	37	26	5	8898	889.11
湖盐	Lake Salt	30	13	4	2053	744.47
金刚石#	Diamond					
水晶#	Crystal					
工艺水晶#	Craft Crystal					
云母	Mica	11		1	100	7.97
电气石	Tourmaline	5			15	
冰洲石#	Iceland Spar					
石墨	Graphite	130	104	10	3221	962.12
晶质石墨	Graphite	6	6		1391	176.94
硅灰石	Wollastonite	56	1	8	1139	178.48
滑石	Talc	75	14	23	3957	179.54
石棉	Asbestos	11	6	2	979	285.56
长石	Feldspar	177	23	19	1788	593.75
石榴子石	Garnet	12	1	1	96	
叶蜡石	Pyrophyllite	43	4	25	524	102.03
透辉石	Diopside	9		1	175	21.74

——按矿种分列（2023年） 续表2
Exploitation and Utilization by Mineral（2023） Continued 2

设计采矿能力[④]/（万吨·年$^{-1}$）Designed Mining Capacity/(10^4 t·a^{-1})	工业总产值/万元 Gross Industrial Output Value/10^4 yuan	综合利用产值/万元 Output Value of Comprehensive Use/10^4 yuan	矿产品销售收入/万元 Sales Revenue of Mineral Commodity/10^4 yuan	利润总额/万元 Total Profit/10^4 yuan	年投资额/万元 Annual Investment/10^4 yuan
4175.00	135795.24	4359.01	127088.42	13468.87	106900.05
206.00	4458.30		4591.09	156.23	154.49
69.00	754.57		754.57	–182.05	536.00
108.50	82.00		72.00	11.08	187.67
681.60	4464.04		4472.04	95.10	100.95
27.00					300.00
207.00	2368.00		1325.40	219.69	943.50
17816.10	225398.83	39447.26	236450.64	22001.95	7046.59
282.00	8784.00	8630.00	8881.00	2644.00	188.82
11720.69	3485981.00	1077286.83	3693235.13	1671994.53	192005.88
45.76	73662.31	3200.40	69873.09	–1075.11	6753.10
21790.00	4059897.31	85843.93	3159994.61	1061817.71	720933.91
3112.43	138388.09	39193.78	130988.45	64922.81	46738.77
11851.38	2121664.82	45646.18	2073481.60	268155.45	160901.18
1227.30	349743.65	41589.04	252522.26	10481.79	61937.56
915.88	105371.09	1061.40	112133.83	20916.91	10186.15
47.51	1006.48	122.00	1558.16	107.68	127.60
15.20					20.00
4115.95	132024.14	76.09	127658.45	16671.94	63921.55
507.32	56892.00		51366.40	4499.00	18273.00
376.97	30455.18	464.44	27769.93	1853.21	19096.72
593.20	109514.14	15091.98	97652.48	21313.90	21605.45
359.68	27930.00	8452.66	24405.50	894.56	731.00
2906.16	39760.86	4063.01	37513.07	–3234.73	65414.45
141.20					1996.65
269.20	27202.34	815.40	26989.55	2001.86	2938.67
78.00	2300.25	223.38	2300.29	308.24	2546.00

全国非油气矿产资源开发利用情况
National Non-petroleum Mineral Resources

矿种	Mineral	矿山数/个 Number of Mine/number			从业人数/人 Employee/person	矿石产量/万吨 Ore Output/10^4 t
			大型 Large	中型 Medium		
蛭石#	Vermiculite					
沸石	Zeolite	30	2	3	202	7.84
透闪石	Tremolite	4			11	
石膏	Gypsum	279	41	124	3785	620.27
方解石	Calcite	347	22	72	4560	1207.55
宝石#	Gemstone					
玉石	Jade	95	3	3	1545	7.13
玛瑙	Agate	5			18	
石灰岩	Limestone	931	207	195	16636	25129.96
水泥用灰岩	Limestone for Cement	1501	766	286	54662	165092.37
建筑石料用灰岩	Limestone for Construction Stone	4703	2716	1054	80651	150587.51
饰面用灰岩	Decorative Limestone	286	47	41	4307	1323.01
制灰用石灰岩	Limestone for Ash Making	183	16	29	2650	3383.76
泥灰岩	Marl	4	1		27	
白垩#	Chalk					
玻璃用白云岩	Dolomite for Glass	18	2	2	177	244.83
建筑用白云岩	Dolomite for Construction	486	216	118	6912	10078.42
玻璃用石英岩	Quartzite for Glass	186	36	39	2652	1880.40
砂岩	Sandstone	242	77	98	4010	3690.50
玻璃用砂岩	Sandstone for Glass	57	25	18	886	448.08
水泥配料用砂岩	Sandstone for Cement Batching	139	26	58	3143	1996.32
砖瓦用砂岩	Sandstone for Brick and Tile	96	12	46	1229	336.77
陶瓷用砂岩	Sandstone for Ceramics	20	4	6	208	86.12
建筑用砂岩	Sandstone for Construction	699	236	128	11992	13292.52
玻璃用砂	Sand for Glass	28	14	8	1335	892.99
海砂	Sea Sand	8	8		611	5842.85
建筑用砂	Sand for Construction	2173	561	1240	21490	26050.66
水泥配料用砂	Sand for Cement Batching	10		4	48	7.95
水泥标准砂#	Cement Standard Sand					
砖瓦用砂	Sand for Brick and Tile	26	7	13	231	477.90
玻璃用脉石英	Vein Quartz for Glass	79	4	20	807	118.96
水泥配料用脉石英	Vein Quartz for Cement Batching	4		1	28	8.85
粉石英	Powder Quartz	16		5	83	11.65
硅藻土	Diatomite	42	7	19	540	21.24
页岩	Shale	159	11	84	3246	461.23

——按矿种分列（2023年） 续表3
Exploitation and Utilization by Mineral（2023） Continued 3

设计采矿能力④/（万吨·年$^{-1}$）Designed Mining Capacity/(10^4 t·a^{-1})	工业总产值/万元 Gross Industrial Output Value/10^4 yuan	综合利用产值/万元 Output Value of Comprehensive Use/ 10^4 yuan	矿产品销售收入/万元 Sales Revenue of Mineral Commodity/ 10^4 yuan	利润总额/万元 Total Profit/10^4 yuan	年投资额/万元 Annual Investment/ 10^4 yuan
227.30	1347.96	70.00	897.37	-30.03	2343.93
58.00					1650.00
4896.06	60867.62	182.50	58939.29	928.27	57290.41
5769.57	157345.38	22950.15	153578.98	10371.18	132880.87
317.32	27856.09	4218.04	19992.52	3834.96	21772.84
4.80					14.00
52738.80	2415576.23	67198.37	2222634.03	257995.89	302440.21
279918.76	11519896.97	390456.30	11012115.32	1283020.95	2915848.72
386601.68	5289572.74	196872.10	5019168.43	445064.70	3426755.49
6378.62	84064.02	4034.85	66557.90	4391.17	100939.84
8163.12	151167.64	2946.87	147563.04	9957.68	120158.67
735.60					1500.00
367.80	12431.33		12906.79	1069.00	673.24
45666.08	392909.72	2555.20	367694.82	50304.80	491187.08
6137.50	250807.57	5840.55	262476.36	79623.89	51534.99
9703.79	179863.01	14142.14	175016.72	12862.26	88506.10
2610.24	71893.67	725.33	73157.24	29397.89	17766.29
6071.96	377167.18	2603.72	320224.57	30073.26	70068.07
1289.17	16710.28	39.50	13851.05	1634.13	25736.16
254.60	3053.21	277.99	1943.44	50.46	1877.00
42946.95	687076.82	14938.11	646876.70	55462.98	447937.55
1724.93	135424.85	6.00	136373.24	29960.39	32503.16
17799.29	334974.05		327622.32	7622.62	152073.56
65655.84	660818.20	47719.43	607866.13	-15075.72	1653011.96
239.20	663.69		603.20	-415.00	994.05
993.66	8201.77		8124.27	2365.59	2878.57
691.98	23043.22	46.98	19577.97	937.95	15171.35
61.00	395.54		395.54	33.44	
101.80	670.00		670.00	19.00	1894.00
373.80	5892.13	15.00	4552.38	1470.63	8167.70
2096.46	46506.45	3105.18	40324.25	2613.14	28551.31

全国非油气矿产资源开发利用情况
National Non-petroleum Mineral Resources

矿　种	Mineral	矿山数/个 Number of Mine/number			从业人数/人 Employee/person	矿石产量/万吨 Ore Output/10^4 t
			大型 Large	中型 Medium		
陶粒页岩	Shale for Ceramsite	15	5	5	163	57.47
砖瓦用页岩	Shale for Brick and Tile	1771	83	1156	25243	3980.62
水泥配料用页岩	Shale for Cement Batching	85	35	35	716	374.61
建筑用页岩	Shale for Construction	10		2	73	13.00
高岭土	Kaolin	253	88	74	4318	1384.87
陶瓷土	Ceramic Clay	302	69	104	3292	2705.40
凹凸棒石黏土	Attapulgite Clay	26	7	11	224	23.17
海泡石黏土#	Sepiolite Clay					
伊利石黏土	Illite Clay	28	5	13	274	5.85
累托石黏土#	Rectorite Clay					
膨润土	Bentonite	156	33	54	2366	226.19
砖瓦用黏土	Clay for Brick and Tile	1011	20	448	16170	1616.94
陶粒用黏土	Clay for Ceramsite	24	7	6	151	19.49
水泥配料用黏土	Clay for Cement Batching	78	24	26	1189	411.55
水泥配料用红土	Laterite for Cement Batching	4	1	3	58	12.10
水泥配料用黄土	Loess for Cement Batching	6	1	4	46	14.00
水泥配料用泥岩	Mudstone for Cement Batching	22	6	7	507	242.83
保温材料用黏土#	Clay for Thermal Insulation					
橄榄岩	Peridotite	7	4	1	202	61.59
建筑用橄榄岩#	Peridotite for Construction					
蛇纹岩	Serpentinite	16		1	154	57.27
饰面用蛇纹岩	Decorative Serpentinite	16			92	
饰面用辉石岩#	Decorative Pyroxenite					
玄武岩	Basalt	118	31	28	1411	696.13
铸石用玄武岩#	Basalt for Cast Stone					
岩棉用玄武岩#	Basalt for Rock Wool					
饰面用玄武岩	Decorative Basalt	11			34	0.20
建筑用玄武岩	Basalt for Construction	328	170	74	4170	3841.23
饰面用角闪岩#	Decorative Amphibolite					
建筑用角闪岩#	Amphibolite for Construction					
辉绿岩	Diabase	57	2	3	382	102.97
铸石用辉绿岩#	Diabase for Cast Stone					
饰面用辉绿岩	Decorative Diabase	50	3	2	398	44.81
建筑用辉绿岩	Diabase for Construction	112	55	24	1744	2804.98
建筑用辉长岩#	Gabbro for Construction					
安山岩	Andesite	7	2		51	26.89

——按矿种分列（2023年） 续表4
Exploitation and Utilization by Mineral（2023） Continued 4

设计采矿能力[③]/（万吨·年$^{-1}$）Designed Mining Capacity/(10^4 t·a^{-1})	工业总产值/万元 Gross Industrial Output Value/10^4 yuan	综合利用产值/万元 Output Value of Comprehensive Use/10^4 yuan	矿产品销售收入/万元 Sales Revenue of Mineral Commodity/10^4 yuan	利润总额/万元 Total Profit/10^4 yuan	年投资额/万元 Annual Investment/10^4 yuan
491.50	5120.77		5080.42	443.90	2278.46
18726.50	423341.40	22782.18	397307.10	19477.82	250877.44
2036.30	21341.57	226.43	19967.71	2510.71	10063.29
74.70	575.00		575.00	117.00	309.00
4950.74	188533.36	13084.18	187374.16	32987.06	90375.98
9319.45	289765.60	64802.65	293990.10	123959.16	148063.89
229.36	8340.96	3196.71	8340.96	1763.00	10088.15
579.00	521.63		517.33	–71.99	2774.88
1228.76	239501.08	14881.36	218273.47	18666.67	18669.32
7887.70	146990.71	9686.71	135333.19	9365.15	498085.96
304.60	1220.00	42.00	1190.00	54.19	501212.11
1913.21	100305.94	1.80	44194.21	2036.00	12762.60
56.00	166.98	16.69	166.98	39.86	17.60
167.00	144.80		155.42	4.03	10.00
676.85	67524.37	12199.68	68777.69	10494.99	775.23
325.20	8293.25	585.68	8466.57	263.95	6119.32
108.45	6288.74	73.38	5614.61	–240.66	4595.31
56.78					25.00
5248.91	60124.14	9477.65	60506.41	10878.53	26401.11
39.22	290.00		108.50	–8.20	5.00
19008.66	253566.73	11629.91	189497.49	1220.35	198721.76
325.19	9187.27	2896.80	7391.64	–176.47	8991.62
420.13	18501.49	10776.54	18184.64	590.96	8958.34
6235.88	126005.14	1809.62	118427.42	4223.87	56289.07
138.40	2396.77		2396.77	283.68	210.00

全国非油气矿产资源开发利用情况
National Non–petroleum Mineral Resources

矿种	Mineral	矿山数/个 Number of Mine/number			从业人数/人 Employee/person	矿石产量/万吨 Ore Output/10^4 t
			大型 Large	中型 Medium		
饰面用安山岩#	Decorative Andesite					
建筑用安山岩	Andesite for Construction	237	100	65	3858	6333.49
闪长岩	Diorite	14	3	2	342	140.22
建筑用闪长岩	Diorite for Construction	97	43	26	1745	3770.35
饰面用闪长岩#	Decorative Diorite					
花岗岩	Granite	118	31	10	1871	1404.92
建筑用花岗岩	Granite for Construction	1185	632	271	26732	38248.92
饰面用花岗岩	Decorative Granite	708	150	86	16056	6619.48
麦饭石	Maifanite	10	1	2	42	0.09
珍珠岩	Perlite	47	3	4	594	161.75
建筑用流纹岩#	Rhyolite for Construction					
黑曜岩#	Obsidian					
浮石	Pumice	13		1	79	12.07
粗面岩#	Trachyte					
铸石用粗面岩#	Trachyte for Cast Stone					
霞石正长岩	Nepheline Syenite	10	3	4	482	56.05
凝灰岩	Tuff	22	7	3	416	1446.79
水泥用凝灰岩	Tuff for Cement	11		3	170	80.97
建筑用凝灰岩	Tuff for Construction	609	297	83	12158	34756.67
火山灰#	Volcanic Ash					
火山渣	Scoria	8			46	
大理石	Marble	4		1	10	
饰面用大理岩	Decorative Marble	362	40	35	4096	2191.62
建筑用大理岩	Marble for Construction	159	61	30	2752	3343.32
水泥用大理岩	Marble for Cement	109	30	22	2325	3586.35
玻璃用大理岩#	Marble for Glass					
板岩	Slate	43	20	3	685	1405.41
饰面用板岩	Decorative Slate	45	4	2	841	165.62
水泥配料用板岩	Slate for Cement Batching	4	1		16	
片石#	Schist					
角闪岩	Amphibolite	17	8	4	504	118.39
片麻岩	Gneiss	126	36	22	3043	3282.08
千枚岩#	Phyllite					
砚石#	Ink Stone					
矿泉水	Mineral Water	652	153	101	17304	1660.19
地下水	Groundwater	9	4	1	621	132.85
二氧化碳气#	Carbon Dioxide					

——按矿种分列（2023年） 续表5

Exploitation and Utilization by Mineral（2023） Continued 5

设计采矿能力[③]/（万吨·年$^{-1}$）Designed Mining Capacity/(10^4 t·a^{-1})	工业总产值/万元 Gross Industrial Output Value/10^4 yuan	综合利用产值/万元 Output Value of Comprehensive Use/ 10^4 yuan	矿产品销售收入/万元 Sales Revenue of Mineral Commodity/ 10^4 yuan	利润总额/万元 Total Profit/10^4 yuan	年投资额/万元 Annual Investment/ 10^4 yuan
18519.72	239036.81	17829.65	225986.61	27905.47	193488.96
1086.11	5840.11	25.00	4515.47	266.61	4210.00
8700.73	177705.77	19325.75	168267.26	22786.25	49236.64
4217.88	80497.03	13215.03	72299.05	5208.07	50019.04
160119.62	1594661.05	82729.94	1512330.25	70638.58	1884700.00
26409.66	2189860.67	49580.32	2108932.57	−254349.06	374404.79
91.13	340.40		340.52	−60.70	239.20
483.87	31434.72	190.75	29760.82	13886.80	5124.20
42.73	670.25		647.47	15.65	57.00
361.00	9975.75		10187.92	1928.35	9074.00
4144.97	85045.16	2577.25	70705.03	−11820.52	18977.43
247.00	3259.43	1227.00	3218.03	2.99	7751.20
78424.58	1711405.33	60865.75	1639891.03	130088.17	560833.85
86.18					2.30
37.62					510.00
7980.23	174172.93	13516.43	167054.26	3360.45	139924.02
11243.84	168246.77	974.51	164333.58	15386.55	114258.66
8132.11	308684.07	40667.30	273612.43	7937.42	36056.54
3206.77	28932.84	32.00	28175.31	2012.26	31113.81
528.23	21551.79	3376.37	21848.96	687.04	30135.28
72.00					512.40
2207.30	6841.03		6154.18	−3179.30	18597.91
22539.68	222586.29	1333.41	166966.17	18931.74	617423.69
6343.90	951681.87		936905.09	62901.79	553619.23
404.22	6088.91		5847.41	−1888.73	352.50

全国非油气矿产资源开发利用情况
National Non–petroleum Mineral Resources Exploitation

企业经济类型	Economic Type of Enterprise	矿山数/个 Number of Mine/number			从业人数/人 Employee/person	矿石产量/万吨 Ore Output/10^4 t
			大型 Large	中型 Medium		
总计	**Total**	**38103**	**10506**	**10771**	**3384332**	**1134998.99** **1235066.06**①
内资企业	**Domestic Funded Enterprise**	**37835**	**10344**	**10720**	**3349654**	**1112022.56**
国有企业	State–owned Enterprise	1120	499	252	284021	84953.93
集体企业	Collective–owned Enterprise	623	38	117	19966	3032.33
股份合作企业	Cooperative Stock Enterprise	136	26	32	6610	1717.99
联营企业	Joint Ownership Enterprise	86	14	23	2737	1343.17
有限责任公司	Limited Liability Corporation	26777	8245	7487	2418119	847274.06
股份有限公司	Share Holding Company Limited	1102	398	295	492406	112774.27
私营企业	Private Enterprise	7623	1048	2386	121301	57827.90
其他企业	Other Enterprises	368	76	128	4494	3098.90
港澳台商投资企业	**Enterprise with Fund from Hong Kong, Macao and Taiwan**	**144**	**92**	**19**	**13261**	**14473.32**
外商投资企业	**Foreign–funded Enterprise**	**124**	**70**	**32**	**21417**	**8503.11**

注：①其中煤炭、铁矿石产量采用的是国家统计局公布的数据。

②设计采矿能力指矿山企业在设计任务书和技术文件中规定的正常条件下达到的矿山生产能力，是最终设计确定的年度主矿产的生

Notes：①The output of coal and iron ore is based on the data published by the National Bureau of Statistics.

②Designed mining capacity refers to the normal production capacity of a mining enterprise under the conditions specified in the design task book divided into five categories: production, shutdown, construction, closure, and pit closure. This indicator represents the total production capacity of mines in

——按企业经济类型分列（2023年）
and Utilization by Economic Type of Enterprise（2023）

设计采矿能力②/（万吨·年⁻¹）Designed Mining Capacity/(10^4 t·a^{-1})	工业总产值/万元 Gross Industrial Output Value/10^4 yuan	综合利用产值/万元 Output Value of Comprehensive Use/10^4 yuan	矿产品销售收入/万元 Sales Revenue of Mineral Commodity/10^4 yuan	利润总额/万元 Total Profit/10^4 yuan	年投资额/万元 Annual Investment/10^4 yuan
2489802.33	**317021622.01**	**10795911.60**	**310467874.95**	**78890687.02**	**59347256.32**
2446724.74	**313640437.62**	**10676560.98**	**307198254.04**	**78056285.47**	**58626678.70**
190152.62	25723418.78	606569.22	24417466.89	5608032.07	5639092.15
10058.25	1278389.82	6397.95	1259460.31	263253.14	260584.43
5809.48	451262.09	2775.57	442656.60	125537.18	137889.46
8079.51	131416.75	378.88	117449.00	6153.39	606676.48
1901662.64	230507689.66	6781714.92	223959572.59	57133076.29	44491030.87
166569.59	49453075.81	3068578.53	48832503.06	13966543.87	5133383.45
158202.70	5979345.01	198176.70	7958192.51	885816.72	2282519.07
6189.96	115839.70	11969.21	210953.09	67872.81	75502.77
27887.57	**1838002.22**	**75231.48**	**1799677.44**	**464357.49**	**498278.30**
15190.01	**1543182.16**	**44119.14**	**1469943.47**	**370044.07**	**222299.33**

产能力。矿山生产状态分为生产、停产、筹建、关闭、闭坑，此项指标合计以上五种状态矿山的生产能力。

and technical documents, and is the production capacity of the annual main mineral determined by the final design. The production status of mines is these five categories.

主要统计指标解释

年末在职职工 指事业单位在编人员，企业在册人员，与单位签订聘用合同、劳动合同或符合劳动保障部门关于认定形成事实劳动关系条件的人员，不含外方及港澳台人员、实习在校生、参军人员以及未经聘用、留用的离退休人员。

地质勘查人员 指年末在职职工中从事地质勘查工作的人员，包括从事基础地质调查、矿产资源调查、资源潜力评价、水文地质、工程地质、环境地质、物探、化探、遥感、岩矿鉴定测试、地质测量等工作的在职职工。

技术人员 指在地勘单位中从事工作并取得劳动报酬的，具有初级及初级以上地质勘查专业技术职称的在职职工，包括已取得专业技术职称，现从事技术管理和行政管理工作的行政人员。

工程勘察与施工人员 指填报单位中专业从事建筑工程勘察、设计、施工工作的人员。

矿产开发人员 指填报单位中从事矿产资源开发利用工作的人员。

劳动者报酬 指报告期内直接支付给本单位使用的全部劳动报酬（生活费）总额。包括职工工资总额，聘用人员报酬，聘用、留用的离退休人员劳动报酬，外籍及港澳台人员的劳动报酬以及人事档案保留在原单位人员的劳动报酬。

总收入 指报告期内填报单位从事各种经济活动所取得的收入总额。

矿业权转让收入 指报告期内填报单位通过矿业权转让取得的收入，包括通过合资、合作方式成立矿业公司获得的矿产资源开发收入。

工程勘察与施工收入 指报告期内填报单位凭建设主管部门发放的建设工程勘察设计、岩土施工、建筑施工企业等专业资质，从事建设工程勘察、工程设计、工程施工等经营活动取得的各项收入。

矿产开发收入 指报告期内填报单位从事矿产资源开发活动所取得的收入，包括通过合资、合作方式成立矿业公司获得的矿产资源开发收入。

其他收入 指报告期内填报单位在总收入中除去从事地质勘查、矿业权转让、矿产开发、工程勘察施工等经济活动收入以外的收入。

地质勘查业收入 指报告期内填报单位从事地质勘查经济活动所取得的各种收入总和，包括地质勘探费、地质专项拨款、矿产勘查劳务收入等。

地质专项拨款 指报告期内地勘单位取得的中央和地方地质专项拨款费用，包括自然资源大调查项目、矿产资源补偿费项目、财政补贴项目、危机矿山项目、地勘基金项目等，也包括市、县政府设立的各类地质勘查专项项目，按中央和地方的各类专项分别统计。

地质勘探费 指以1998年为基数，由中央财政划转给省财政单列，继续用于地质勘查单位离退休人员、地质勘查工作和经常性费用支出，该指标按照中央财政投入和地方财政投入分别统计。

费用总计 指报告期内填报单位为开展业务活动和其他活动所发生的各项资金耗费及损失，以及用于基本建设项目的开支。

矿产开发费用 指报告期内填报单位从事矿产资源开发活动而发生的各项成本、费用支出总额。

地质勘查经费 指报告期内完成的来自各方面的地质勘查资金，包括完成的中央财政、地方财政地质勘查拨款，企事业单位、港澳台商、外商投入地质勘查工作的资金以及其他资金。

中央财政 指报告期内实际完成的由国家预算收支科目安排的直接用于地质勘查的经费。

地方财政 指报告期内实际完成的地方财政拨付的地质勘查经费。

企事业资金 指报告期内完成的各类企事业单位投入地质勘查工作的资金，包括内资企事业资金、港澳台商投资和外商投资。

国内企事业资金 指报告期内完成的国有、集体企事业单位和私营企业投入地质勘查工作的资金。

港澳台商投资 指港澳台企业和经济组织或个人按我国有关政策、法规，用现汇、实物（折资）和技术等投入地质勘查工作的资金。

外商投资 指报告期内完成境外投入地质勘查工作的资金，包括外商直接投资、对外借贷（外国政府贷款、国际金融组织贷款、出口信贷、外国银行商业贷款、对外发行债券和股票）及外商其他投资（包括补偿贸易和加工装配由外商提供的设备价款、国际租赁）。不包括我国自有外汇资金（包括国家外汇、地方外汇、流程外汇、调剂外汇和中国银行自有资金发行的外汇贷款等）。

机械岩芯钻探工作量 指用动力机械带动，回转或冲击回转钻进，并以取出岩芯了解和研究地下地质情况为目的的钻探工作的工作量。如手轮给进钻机、油压钻机、石油钻机、海洋石油钻机、水文水井钻机以及汽车钻等。

新发现矿产地 指报告期内通过各类地质调查工作，或者根据群众报矿、群众采矿线索新发现的，并经过矿产调查工作证实为有进一步工作意义或具有工业价值，具有一定规模，作出初步评价的矿区。

二维地震 指在地面上布置一条条测线，沿各条测线进行地震勘探施工，采集地下地层反射回地面的地震波信息。

三维地震 指一种面积地震勘探方法。野外的观测系统有多种形式，如用48个激发点和48道检波器，构成互相垂直的观测系统，对每个反射面可得到2000多个均匀分布的深度点。

勘查许可证发证 指依法颁发的勘查许可证宗数或注销的勘查许可证宗数。

注销(勘查) 包括探矿权人申请注销、自然资源主管部门直接注销的勘查许可证。

探矿权出让 指在报告期内以申请在先、协议、招标、拍卖和挂牌等方式出让给探矿权申请人并新登记勘查许可证。

协议出让(探矿权) 指矿业权人以协议方式取得探矿权，并办理勘查许可证。

“招拍挂”出让(探矿权) 指矿业权人以招标、拍卖和挂牌方式取得探矿权，并办理勘查许可证。

招标(探矿权) 指主管部门发布招标公告，邀请特定或者不特定的投标人参加投标，根据投标结果确定探矿权中标人，探矿权人取得探矿权，并办理勘查许可证。

拍卖(探矿权) 指主管部门发布拍卖公告，由符合探矿权申请人资质条件的竞买人在指定时间、指定地点进行公开竞价，根据出价结果确定探矿权竞得人，探矿权人取得探矿权，并办理勘查许可证。

挂牌(探矿权) 指主管部门发布挂牌公告，在挂牌公告规定的期限和场所接受竞买人的报价申请并更新挂牌价格，根据挂牌期限截止时的出价结果，确定探矿权竞得人，探矿权人取得探矿权，并办理勘查许可证。

探矿权转让 指在报告期内经探矿权人申请将探矿权转让给另一主体，并经自然资源主管部门审查批准的行为。

转让金额 指在报告期内探矿权转让人与受让人之间签订的探矿权转让合同中约定的转让金额。

采矿许可证发证 指依法颁发的采矿许可证个数或注销的采矿许可证个数。

注销（采矿） 包括采矿权人申请注销、自然资源主管部门直接注销的采矿许可证。

采矿权出让 指在报告期内矿业权人以探矿权转采矿权、协议、招标、拍卖和挂牌等方式取得采矿权，并办理采矿许可证。

探矿权转采矿权 指在报告期内探矿权人在其勘查许可证范围内，将探矿权申请转为采矿权，并获得采矿许可证。

协议出让（采矿权） 指出让方（采矿权管理机关）按照法律法规的规定采取非竞争性的方式，以协议方式出让采矿权给特定对象，采矿权人取得采矿权，并办理采矿许可证。

“招拍挂”出让（采矿权） 指采矿权人通过招标、拍卖、挂牌三种出让方式获得采矿权并取得采矿许可证。

招标出让（采矿权） 指主管部门发布招标公告，邀请特定或者不特定的投标人参加投标，根据投标结果确定采矿权中标人，采矿权人取得采矿权，并办理采矿许可证。

拍卖出让（采矿权） 指主管部门发布拍卖公告，由符合采矿权申请人资质条件的竞买人在指定时间、指定地点进行公开竞价，根据出价结果确定采矿权竞得人，采矿权人取得采矿权，并办理采矿许可证。

挂牌出让（采矿权） 指主管部门发布挂牌公告，在挂牌公告规定的期限和场所接受竞买人的报价申请并更新挂牌价格，根据挂牌期限截止时的出价结果，确定采矿权竞得人，采矿权人取得采矿权，并办理采矿许可证。

采矿权转让 指在报告期内经采矿权人申请将采矿权转让给另一主体，并经自然资源主管部门审查批准的行为。

转让金额 指在报告期内采矿权转让人与受让人之间签订的采矿权转让合同中约定的转让金额。

从业人数 指当年度企业中从事矿业（即油气勘查开采，下同）生产劳动并取得劳动报酬或经营收入的全部劳动力的年平均人数。包括职工、再从业的离退休人员以及在企业中工作的外方人员和港澳台方人员。当年度在企业中从事矿业活动的临时工、轮换工，应加入此项统计。年平均人数=报告年内12个月平均人数之和/12月。平均人数=（月初人数+月末人数）/2。非独立法人企业只填报本企业的从业人数。

矿石产量 指矿山当年度采矿作业实际生产的符合矿石产品质量要求的各类矿产数量的总和。盐湖矿、原地浸出和原地爆破浸出开采的矿产按其粗加工后的固态量计。

设计采矿能力 指新建或改建矿山企业在设计任务书和技术文件中规定的正常条件下达到的矿山生产能力。此项指标应填报最终设计确定的年度主矿产的采、选生产能力。采选联合企业，当矿石产量和选矿处理原矿量能力相同时，应分别填写清楚。经改扩建生产能力发生变化的矿山，应填写改扩建后的设计生产能力。单位采用万吨/年（单位是体积单位的一列换算成重量单位计）。

工业总产值 指以货币表现的矿山企业当年度生产的最终工业产品总价值量。包括当年度生产的成品价值、已完工的对外工业性作业价值和自制半成品、在产品期末期初差额价值。采用工厂法的计算原则。它是反映一定时间内工业生产总规模和总水平的重要指标，是计算工业生产发展速度和主要比例关系、计算工业产品销售率和其他经济指标的重要依据。

综合利用产值 指当年矿山综合利用共、伴生矿产及尾、残矿产的矿产品销售产值。

销售收入 指矿山企业当年度销售该矿产品（包括产成品、半成品及废品）所取得的收入。以销售实现为原则进行填报。

Explanatory Notes on Main Statistical Indicators

On-the-job Employee at the Year End—the employees in the public institutions, the registered employees in the enterprises, the employees who sign employment contracts or labor contracts with the units or meet the requirements of the labor and social security department for determining the formation of a factual labor relationship, excluding the foreign party, Hong Kong, Macao and Taiwan personnel, interns, military personnel and retirees who have not been employed or retained.

Geological Exploration Personnel—those who are engaged in geological exploration among the on–the–job staff at the end of the year, including those who are engaged in basic geological survey, mineral resources survey, resource potential assessment, hydrogeology, engineering geology, environmental geology, geophysical exploration, geochemical exploration, remote sensing, rock and mineral identification test, geological survey, etc.

Technical Personnel—the on–the–job workers who are engaged in work and get remuneration in geological exploration units and have professional and technical titles of primary or above, including administrative personnel who have obtained professional and technical titles and are now engaged in technical management and administrative management.

Personnel Engaging in Project Investigation and Construction—those who are specialized in construction engineering investigation, design and construction in the reporting unit.

Personnel Engaging in Mining Exploration—the personnel engaged in the development and utilization of mineral resources in the reporting unit.

Remuneration of Labor—the total amount of labor remuneration (living expenses) directly paid to the unit during the reporting period, including total wages of employees, remuneration of employed personnel, remuneration of employed and retained retirees, remuneration of foreign, Hong Kong, Macao and Taiwan personnel and remuneration of personnel whose files retain in the original unit.

Total Income—the total amount of income obtained by the reporting unit engaged in various economic activities during the reporting period.

Income from Mining Right Transfer—the income obtained by the reporting unit through mining right transfer during the reporting period, including mineral resources development income from establishing mining companies through joint ventures or cooperation.

Income from Project Investigation and Construction—the income derived by the reporting unit from project investigating, designing and constructing with professional qualifications issued by construction authorities such as construction project investigation and design, geotechnical construction and construction enterprises, etc.

Income from Mining Exploration—the income derived by the reporting unit from mineral resources development during the reporting period, including mineral resources development income from establishing mining companies through joint ventures or cooperation.

Other Incomes—the income of the reporting unit during the reporting period excluding the income from geological exploration, mining right transfer, mineral development, project exploration and construction, etc.

Income of Geological Exploration Industry—the sum of all kinds of income obtained by the reporting unit engaged in geological exploration activities during the reporting period, including geological exploration fee, geological special fund, income from mineral exploration service etc.

Geological Special Fund—the central and local geological special funds obtained by the geological exploration units during the reporting period, including large-scale natural resources investigation projects, mineral resources compensation projects, financial subsidy projects, crisis mine projects, geological exploration fund projects, etc., as well as all kinds of special geological exploration projects set up by the municipal and county governments, which are respectively counted according to special projects of central and local governments.

Geological Exploration Fee—the expenses transferred from central finance to provincial finance separately based on 1998, which continue to be used for retired personnel, geological exploration work and recurrent expenses of geological exploration units. This index is calculated separately according to the central and local financial inputs.

Total Cost—expenses and losses of various funds spent by the reporting unit in carrying out business activities and other activities, as well as expenditure for basic construction projects during the reporting period.

Cost of Mining Exploration—the total amount of costs and expenses spent by the reporting unit in mineral resources development during the reporting period.

Geological Exploration Fund—the geological exploration funds from all sides completed during the reporting period, including the funds allocated by the central and local governments for geological exploration, the funds invested by enterprises and institutions, Hong Kong, Macao and Taiwan businessmen, and foreign businessmen, as well as other funds.

Central Finance—expenditures directly used for geological exploration and arranged by the state budgeted revenue and expenditure account, which are actually completed during the reporting period.

Local Finance—expenditures for geological exploration and allocated by local finance, which are actually completed during the reporting period.

Fund from Enterprise and Institution—the funds invested in geological exploration by all kinds of enterprises and institutions during the reporting period, including investment from domestic enterprises and institutions, Hong Kong, Macao and Taiwan businessmen as well as foreign investment.

Fund from Domestic Enterprise and Institution—the funds invested in geological exploration by state-owned, collective enterprises and institutions and private enterprises in the reporting period.

Investment from Hong Kong, Macao and Taiwan—the investment of Hong Kong, Macao and Taiwan enterprises, economic organizations or individuals in geological exploration in cash, in kind (capital converted) and technology in accordance with relevant policies and regulations of China.

Foreign Investment—the funds invested abroad in geological exploration during the reporting period, including foreign direct investment, foreign loans (foreign government loans, loans from international financial organizations, export credits, commercial loans from foreign banks, foreign issuance of bonds and stocks) and other foreign investments (including compensation trade and equipment price and international lease provided by foreign investors for processing and assembling). It excludes China's own foreign exchange funds (including national foreign exchange, local foreign exchange, process foreign exchange, foreign exchange adjustment and foreign exchange loans issued by the Bank of China's own funds).

Footage of Core Drilling—the penetration of rotary or percussive drilling driven by power machinery that recovers the core in order to study the underground geology. The drills include hand-lever feed drills, hydraulic feed drills, oil drills, marine oil drills, hydrological water well drills, and truck-mounted drills.

Newly Discovered Mineral Prospect—mineral occurrences that are newly found through all kinds of geological survey or on the basis of the ore information and clues reported by the broad masses of people, demonstrated through mineral surveys to be of value for further work or of industrial value and have certain sizes, and evaluated preliminarily during the reporting period.

2D Seismic—a kind of area seismic exploration method. arranging a line on the ground, carrying out seismic exploration along each line, and collecting seismic wave information reflected from underground strata back to the ground.

3D Seismic—a kind of area seismic exploration method. There are many forms of field observation system, such as using 48 excitation points and 48 geophones to form a mutually perpendicular observation system. For each reflector, more than 2000 uniform depth points can be obtained.

Exploration License Issued—the number of exploration licenses issued or cancelled in accordance with the law.

Cancelled(Exploration)—the exploration license applied for cancellation by the exploration right owner and directly cancelled by the natural resources department.

Exploration Right Granted—various acts through which the mineral exploration right is granted by administration department to the applicant for the exploration right through the ways of first application, agreement, bidding, auction, and listing during the reporting period.

Granting through Agreement (Exploration Right)—the act through which the administration department grants the exploration right to the exploration right holder in the way of agreement, and the exploration right holder obtains the exploration license.

Granting through Bidding, Auction and Listing (Exploration Right)—the acts through which the administration department grants the exploration right in the ways of bidding, auction, and listing, and the exploration right holder obtains the exploration license.

Granting through Bidding (Exploration Right)—the act through which the administrative authorities issue a notice of invitation for bid to invite specially or not specially designated bidders to participate in the bidding, and the warded bidder for the exploration right is determined according to the result of the bidding. The exploration right holder obtains the exploration license.

Granting through Auction (Exploration Right)—the act through which the administrative authorities issue a notice of invitation for auction, while the bidders qualified to be applicants for the exploration right may participate in open competition at the prescribed time and locality and the warded bidder for the exploration or mining right is determined according to the result of the price offer. The exploration right holder obtains the exploration license.

Granting through Listing (Exploration Right)—the act through which the administrative authorities issue a notice of listing, and receive the offer applications of the bidders and renew the listed prices in the time limit and locality prescribed by the notice, and the warded bidder for the exploration right is determined according to the price offer at the closing date of the listing time limit. The exploration right holder obtains the exploration license, and apply for exploration license.

Exploration Right Transferred—the act of transferring the exploration right to another subject upon the application of exploration right holder within the reporting period, and being examined and approved by natural resources authorities.

Amount of Exploration Right Transferred—the price of transfer agreed upon in the contract of exploration right transfer signed between the exploration right assignor and the exploration right assignee during the reporting period.

Mining License Issued—the number of mining licenses issued in accordance with the law or the number of cancelled mining licenses.

Cancelled(Mining)—the mining license applied for cancellation by the exploration right owner and directly cancelled by the natural resources department.

Mining Right Granted—the royalty charged to the mining right holder according to relevant regulations, when the mineral resources administration department to the applicant for the mining right through the ways of change of the exploration right into the mining right, agreement, bidding, auction, and listing during the reporting period.

Change of Exploration Right to Mining Right—the exploration right holder applies for changing the exploration right into the mining right in his exploration license scope during the reporting period and obtains the mining license.

Granting through Agreement (Mining Right)—the act through which the assignor (mining right administration agency) grants the mining right to the particular individual or organization by adopting the noncompetitive way through agreement according to the provisions of law and the latter obtains the mining license.

Granting through Bidding, Action and Listing (Mining Right)—the acts through which the mining right holder obtains the mining right and the mining license in the ways of assigning through bidding, auction, and listing.

Granting through Bidding (Mining Right)—the act through which the administrative authorities issue a notice of invitation for bid to invite specially or not specially designated bidders to participate in the bidding, and the warded bidder for the mining right is determined according to the result of the bidding. The mining right holder obtains the mining license.

Granting through Auction (Mining Right)—the act through which the administrative authorities issue a notice of invitation for auction, while the bidders qualified to be applicants for the mining right may participate in open competition at the prescribed time and locality and the warded bidder for the mining or mining right is determined according to the result of the price offer. The mining right holder obtains the mining license.

Granting through Listing (Mining Right)—the act through which the administrative authorities issue a notice of listing, and receive the offer applications of the bidders and renew the listed prices in the time limit and locality prescribed by the notice, and the warded bidder for the mining right is determined according to the price offer at the closing date of the listing time limit. The mining right holder obtains the mining license.

Mining Right Transferred—the act of transferring the mining right to another subject upon the application of the mining right holder and the approval of natural resources authorities within the reporting period.

Amount of Mining Right Transferred—the price of transfer agreed upon in the contract of mining right transfer signed between the mining right assignor and the mining right assignee during the reporting period.

Employee—the annual average number of all labors engaged in mining (i.e. oil and gas exploration and exploitation, the same hereinafter) and receiving remuneration for their labor or business income in the current year. It includes employees, reemployed retirees, foreign personnel working in the enterprise and personnel from Hong Kong, Macao, Taiwan. Temporary workers and shift workers engaged in mining in enterprises in the current year are included in the statistics. Annual average number = sum of 12–month average number reported in the year /12. Monthly average number = (number at the beginning of the month + number at the end of the month) /2. The enterprises with non–independent legal entity only report employees of the enterprise.

Ore Output—the sum of all kinds of minerals actually produced by mining operations in the current year that meet the quality requirements of ore products. Minerals mined by salt lake ore, in–situ leaching and in–situ blasting leaching are measured by the solid quantities after rough processing.

Designed Mining Capacity—the mining production capacity achieved by newly built or renovated mining enterprises under normal conditions specified in the design task book and technical documents. This indicator should report the annual production capacity of the main mineral resources determined by the final design. When the ore production and processing capacity of a mining and beneficiation joint venture are the same, they should also be clearly filled out separately. Mines with changes in production capacity after renovation and expansion should fill in the designed production capacity after renovation and expansion. The unit is 10^4t/year (converted from a column of volumetric units to weight units).

Gross Industrial Output Value—the total value of final industrial products produced by mining enterprises in monetary terms in the current year. It includes the value of finished products produced in the current year, the value of finished foreign industrial operations and self–made semi–finished products, and value difference at the beginning and end of the product. The factory method is adopted for calculation. It is an important indicator reflecting the total scale and level of industrial production in a certain period of time. It is also an important basis for calculating development speed and main proportion of industrial production, sales rate of industrial products and other economic indicators.

Output Value of Comprehensive Use—the total sum of the values of final industrial products in the gross value of mining output due to the comprehensive use of co–products, by–products and three wastes (waste slag, waste gas, waste liquid).

Sales Revenue—the revenue obtained by mining enterprises from selling the mineral products (including finished products, semi–finished products and waste products) in the current year. It should be reported according to the actual sales.

海洋资源

Ocean Resources

全国海洋生产总值（2023年）
National Gross Ocean Product（2023）

指　标	Indicator	增加值/亿元 Added Value/10^8 yuan	增速/% Growth Rate/%
海洋生产总值	**Gross Ocean Product（GOP）**	**99097**	**6.0**
海洋产业	**Marine Industry**	**40711**	**7.9**
海洋渔业	Marine Fishery Industry	4618	3.2
沿海滩涂种植业	Coastal Tidal-Land Planting Industry	4	1.6
海洋水产品加工业	Marine Aquatic Products Processing Industry	982	1.1
海洋油气业	Offshore Oil and Gas Industry	2499	7.2
海洋矿业	Marine Mining Industry	233	1.4
海洋盐业	Sea Salt Industry	41	1.7
海洋船舶工业	Marine Shipbuilding Industry	1150	17.6
海洋工程装备制造业	Marine Engineering Equipment Manufacturing Industry	872	5.9
海洋化工业	Marine Chemical Industry	4343	10.0
海洋药物和生物制品业	Marine Pharmaceutical and Biological Products Industry	739	-0.4
海洋工程建筑业	Marine Engineering Architecture Industry	2098	3.1
海洋电力业	Marine Electric Power Industry	446	13.0
海水淡化与综合利用业	Seawater Desalination and Comprehensive Utilization Industry	327	4.5
海洋交通运输业	Marine Communications and Transportation Industry	7623	8.5
海洋旅游业	Marine Tourism	14735	10.0
海洋科研教育	**Marine Scientific Research and Education**	**6345**	**2.1**
海洋公共管理服务	**Marine Public Management Services**	**16606**	**3.3**
海洋上游相关产业	**Upstream Marine-Related Industry**	**14101**	**6.1**
海洋下游相关产业	**Downstream Marine-Related Industry**	**21334**	**5.8**

注：①本年鉴产业分类执行《海洋及相关产业分类》（GB/T 20794—2021）。

②本年鉴2023年数据为初步核算数。

③海洋生产总值、各海洋产业增加值数据按现价计算。海洋生产总值增长速度、各海洋产业增加值增长速度按可比价格计算。

④基础数据来自国务院有关部门、沿海省（自治区、直辖市）自然资源（海洋）行政主管部门、统计机构和公开统计资料。

Notes：①The industrial classification in this yearbook is subject to the *Industrial Classification for Ocean Industries and Their Related Activities* (GB/T 20794—2021).

②The data for 2023 in this yearbook are preliminarily calculated data.

③ The gross ocean product，the added value of each marine industry are calculated at current price. The growth rate of marine gross domestic product and the growth rate of the added value of each marine industry are calculated at comparable price.

④ The basic data come from relevant authorities of the State Council，the administrative authorities in charge of natural resources (marine) in coastal provinces (autonomous regions，and municipalities directly under the central government)，various statistical institutions，and public statistics.

海洋资源产量（2023年）

Marine Resources Yield（2023）

地 区	Region	海水淡化工程规模/（万吨·日$^{-1}$） Scale of Seawater Desalination Project/（10^4t·d^{-1}）	远洋渔业/万吨 Deep-Sea Fishing/10^4t	海水直接利用量/亿吨 Direct Utilization of Seawater/10^8t
总 计	**Total**	**252.30**	**232.23**	**1853.79**
天 津	Tianjin	30.60	0.70	4.35
河 北	Hebei	39.07	3.92	55.60
辽 宁	Liaoning	16.14	17.37	165.90
上 海	Shanghai		11.74	15.87
江 苏	Jiangsu	0.50	5.14	118.09
浙 江	Zhejiang	80.15	74.44	355.97
福 建	Fujian	3.79	55.09	318.33
山 东	Shandong	71.32	37.19	130.81
广 东	Guangdong	9.78	7.18	556.07
广 西	Guangxi	0.08	1.60	84.02
海 南	Hainan	0.88		48.78
其 他	Others		17.88	

主要统计指标解释

海洋生产总值 是海洋经济生产总值的简称，指按市场价格计算的我国常住单位在一定时期内海洋经济活动的最终成果，是海洋及相关产业增加值之和。

海洋生产总值增速 以不变价格计算，海洋生产总值增速＝（报告期的海洋生产总值-上一年的海洋生产总值）/上一年的海洋生产总值 × 100%。

海水直接利用量 指通过各种方式利用的海水量，包括用于冷却、大生活、灌溉等，其中“大生活用海水”是指海水冲厕、海水消防等。

Explanatory Notes on Main Statistical Indicators

Gross Ocean Product（GOP）—the abbreviation of gross ocean economic production. It refers to the final gain from ocean economic activities of permanent residents in a country at market price in a certain period, and it is the sum of added value of ocean and ocean related industries.

Growth Rate of Gross Ocean Product—calculated at constant price. Growth rate of Gross Ocean Product = (Gross Ocean Product of the reporting period – Gross Ocean Product of the previous year)/ Gross Ocean Product of the previous year × 100%.

Direct Utilization of Seawater—the amount of seawater utilized through various means, including cooling, large-scale living, irrigation, etc. Among them, "large-scale living seawater" refers to seawater flushing, seawater firefighting, etc.

三、国土空间规划和用途管制

Chapter 3 Planning and Use Control of Land Space

土地
Land

单位：公顷

地　区	Region	征地总面积 Area of Requisitioned Land
总　计	**Total**	**307645.53**
北　京	Beijing	1570.84
天　津	Tianjin	840.88
河　北	Hebei	20738.40
山　西	Shanxi	7341.36
内蒙古	Inner Mongolia	23473.67
辽　宁	Liaoning	4698.55
吉　林	Jilin	2542.93
黑龙江	Heilongjiang	1809.60
上　海	Shanghai	2060.59
江　苏	Jiangsu	12694.30
浙　江	Zhejiang	14884.00
安　徽	Anhui	20477.04
福　建	Fujian	6812.42
江　西	Jiangxi	9510.40
山　东	Shandong	23993.20
河　南	Henan	15858.86
湖　北	Hubei	13199.52
湖　南	Hunan	4378.81
广　东	Guangdong	18565.22
广　西	Guangxi	10726.48
海　南	Hainan	2227.14
重　庆	Chongqing	7271.23
四　川	Sichuan	24605.73
贵　州	Guizhou	17979.67
云　南	Yunnan	7740.11
西　藏	Xizang	249.09
陕　西	Shaanxi	7228.54
甘　肃	Gansu	5853.35
青　海	Qinghai	1203.52
宁　夏	Ningxia	1752.40
新　疆	Xinjiang	15357.69

征收情况（2023年）
Requisition（2023）

Unit：hm^2

征收集体农用地面积 Requisitioned Collective Agricultural Land Area	征收集体耕地面积 Requisitioned Collective Cultivated Land Area
247526.27	**117770.71**
1122.95	318.55
671.82	303.41
18537.92	10683.84
5788.99	3712.06
17758.59	3591.76
3717.77	2318.76
1971.60	1750.64
1604.82	1178.63
1331.63	866.46
9431.88	6078.84
12055.48	6027.18
17665.18	11344.88
5722.49	1635.08
8352.52	2950.70
17167.50	8982.84
13725.77	10237.97
11687.37	6172.84
3919.32	1329.82
16498.42	2918.30
9831.76	2973.63
1777.36	582.72
6221.06	3122.18
21665.45	11786.21
15809.48	6381.81
7339.88	2583.07
240.94	97.67
5844.03	2626.94
4973.05	2879.11
873.04	195.81
1464.58	705.63
2753.58	1433.38

农用地转用

Approval of Agricultural

单位：公顷

地 区	Region	批准建设用地面积合计 Area of Approved Construction-use Land			
			农用地转用 Conversion of Agricultural Land		
				耕地 Cultivated Land	
总 计	**Total**	**455524.38**	**316510.04**	**126577.98**	**166068.73**
北 京	Beijing	3091.21	1148.28	341.31	1585.27
天 津	Tianjin	887.49	567.49	153.96	
河 北	Hebei	23536.77	15399.52	8772.45	14722.59
山 西	Shanxi	11171.04	8693.33	5112.06	4239.52
内蒙古	Inner Mongolia	25901.60	14814.72	2907.16	8927.41
辽 宁	Liaoning	5825.44	4078.52	1817.84	1428.52
吉 林	Jilin	5134.17	4267.75	3224.34	2309.69
黑龙江	Heilongjiang	9642.97	8922.78	5496.99	6314.81
上 海	Shanghai	3590.02	1450.93	820.10	
江 苏	Jiangsu	21585.67	16175.05	9023.37	10649.19
浙 江	Zhejiang	19913.19	15024.60	5647.64	4051.16
安 徽	Anhui	25906.86	19901.39	11120.30	10088.51
福 建	Fujian	7347.03	5734.78	1411.86	1056.67
江 西	Jiangxi	11792.36	9724.29	2851.72	3536.87
山 东	Shandong	30476.74	21076.68	10270.73	11006.30
河 南	Henan	18909.15	15715.58	9722.37	2897.36
湖 北	Hubei	15533.37	13104.17	6358.57	3626.78
湖 南	Hunan	6335.71	4721.06	1186.54	2254.20
广 东	Guangdong	24142.14	17719.84	2465.36	6260.90
广 西	Guangxi	25685.86	20192.73	4593.29	14679.00
海 南	Hainan	2194.57	1895.08	311.81	
重 庆	Chongqing	8770.86	4953.54	2119.52	4467.73
四 川	Sichuan	31574.21	22922.86	11791.21	14705.00
贵 州	Guizhou	24185.69	9654.21	3906.60	15895.28
云 南	Yunnan	16923.66	11906.17	4014.14	10768.46
西 藏	Xizang	4541.03	3982.20	565.97	2334.15
陕 西	Shaanxi	7960.56	6479.55	2470.31	606.91
甘 肃	Gansu	12786.79	8602.27	3687.74	5340.52
青 海	Qinghai	5584.46	3669.68	604.14	1303.05
宁 夏	Ningxia	3209.81	2824.31	584.25	193.40
新 疆	Xinjiang	41383.98	21186.69	3224.32	819.49

批准情况（2023年）
Land Conversion（2023）

Unit：hm²

国务院批准建设用地面积 Area of Construction-use Land Approved by the State Council		省级政府批准建设用地面积 Area of Construction-use Land Approved by Provincial Government		
农用地转用 Conversion of Agricultural Land			农用地转用 Conversion of Agricultural Land	
	耕地 Cultivated Land			耕地 Cultivated Land
86896.81	**43446.51**	**289455.66**	**229613.23**	**83131.47**
		1505.94	1148.28	341.31
		887.49	567.49	153.96
7667.92	4778.72	8814.18	7731.59	3993.73
3072.63	1808.25	6931.52	5620.70	3303.81
1575.51	614.16	16974.19	13239.22	2293.01
438.88	380.58	4396.92	3639.65	1437.26
1947.61	1671.90	2824.47	2320.14	1552.44
5915.65	4122.68	3328.17	3007.13	1374.32
		3590.02	1450.93	820.10
7994.70	5626.69	10936.48	8180.35	3396.68
1648.33	703.23	15862.03	13376.27	4944.41
6066.02	3117.68	15818.35	13835.36	8002.61
332.53	46.17	6290.37	5402.24	1365.69
2605.88	753.97	8255.49	7118.41	2097.74
5526.79	3371.08	19470.43	15549.89	6899.65
1643.70	838.44	16011.79	14071.88	8883.92
2476.22	1363.50	11906.59	10627.96	4995.07
892.73	250.90	4081.50	3828.33	935.64
2059.80	346.43	17881.25	15660.04	2118.93
9676.35	2702.69	11006.86	10516.38	1890.60
		2194.57	1895.08	311.81
1089.77	485.81	4303.13	3863.78	1633.71
8024.47	4426.84	16869.20	14898.39	7364.37
2565.64	1019.55	8290.41	7088.57	2887.05
6239.59	2055.76	6155.20	5666.58	1958.38
2034.13	373.33	2206.88	1948.07	192.64
424.48	209.69	7353.66	6055.06	2260.62
3749.69	1856.76	7446.27	4852.58	1830.98
935.73	492.54	4281.41	2733.95	111.60
126.93	29.14	3016.41	2697.38	555.11
165.13		40564.49	21021.56	3224.32

农用地转用

Approval of Agricultural

单位：公顷

地 区	Region	城镇村建设用地面积 Area of Land Used for Construction in City, Town and Village				
			商服用地 Land for Commercial and Service Uses	工矿仓储用地 Land for Industry, Mining and Warehousing Uses	住宅用地 Land for Residential Use	公共管理与公共服务用地 Land Used for Public Management and Public Services
总 计	**Total**	**199315.88**	**10026.60**	**82193.69**	**23219.18**	**33789.31**
北 京	Beijing	1476.70	90.85	323.87	435.80	202.84
天 津	Tianjin	683.03	98.31	118.21	107.12	160.41
河 北	Hebei	7738.48	637.97	3819.97	862.17	1275.11
山 西	Shanxi	5972.71	320.79	2705.26	535.97	1211.65
内蒙古	Inner Mongolia	7818.58	167.96	4295.98	150.68	881.51
辽 宁	Liaoning	3074.37	194.54	1548.95	226.02	561.44
吉 林	Jilin	2267.69	165.98	926.13	126.84	501.88
黑龙江	Heilongjiang	1531.20	14.90	484.93	5.18	56.90
上 海	Shanghai	2572.19	270.26	353.35	654.91	301.93
江 苏	Jiangsu	8077.66	183.51	1308.61	726.49	591.87
浙 江	Zhejiang	12858.08	523.16	3243.19	3258.45	1682.86
安 徽	Anhui	13595.98	529.53	5841.25	1951.59	2364.36
福 建	Fujian	4988.65	246.10	2005.82	712.70	759.28
江 西	Jiangxi	6563.82	318.27	2397.35	935.59	1006.65
山 东	Shandong	17047.23	1227.09	8903.00	1421.85	2378.05
河 南	Henan	13628.75	265.60	5002.38	1578.74	4046.34
湖 北	Hubei	9435.92	693.56	5203.59	887.77	999.86
湖 南	Hunan	2893.85	43.11	1486.71	258.75	591.67
广 东	Guangdong	15495.08	1061.22	7620.87	1170.29	2516.04
广 西	Guangxi	5782.86	68.11	2732.15	284.41	894.76
海 南	Hainan	1419.35	242.16	435.90	270.84	255.49
重 庆	Chongqing	2613.08	66.69	1325.10	113.79	504.30
四 川	Sichuan	14690.54	1002.16	6326.11	1560.75	2826.48
贵 州	Guizhou	6194.01	153.66	2009.87	1046.94	2000.57
云 南	Yunnan	5319.38	335.66	2266.20	723.25	1043.13
西 藏	Xizang	1570.19	169.92	227.18	367.48	628.17
陕 西	Shaanxi	6019.38	217.75	3514.59	594.26	924.78
甘 肃	Gansu	4438.26	244.38	1884.01	963.45	700.78
青 海	Qinghai	454.14	44.59	152.39	27.08	130.07
宁 夏	Ningxia	1871.18	142.35	1147.20	181.12	262.57
新 疆	Xinjiang	11223.54	286.49	2583.56	1078.88	1527.55

批准情况（2023年） 续表

Land Conversion（2023） Continued

Unit：hm^2

	单独选址建设用地面积 Area of Land Used for Construction at Separated Selected Sites			
交通运输用地 Land Used for Transport		交通运输用地 Land Used for Transport	水利设施用地 Land Used for Water and Conservancy Facilities	能源用地 Land Used for Energy Project
28374.69	**256208.50**	**183232.63**	**17659.57**	**20783.49**
229.03	1614.50	1.62		3.63
151.69	204.46	34.58		14.74
874.92	15798.29	12863.40	681.56	183.12
988.47	5198.33	4598.96	32.75	269.77
358.26	18083.02	7675.55	46.76	5286.04
485.93	2751.07	853.72	10.67	1131.76
365.68	2866.47	2487.48	111.99	154.04
38.47	8111.78	6397.72	79.82	374.36
616.61	1017.83	541.49	9.64	9.74
470.69	13508.01	6982.34	5780.24	171.31
2304.59	7055.11	3843.29	1569.06	389.19
2469.30	12310.88	9367.71	1166.54	871.93
1069.06	2358.39	1608.80	89.09	333.22
1535.57	5228.54	4053.97	309.88	105.69
2198.03	13429.51	9755.61	2474.06	372.63
1901.73	5280.40	4390.98	73.15	258.78
1235.98	6097.45	4762.54	46.14	729.66
412.71	3441.86	1390.82	1053.00	533.03
2779.07	8647.06	7301.69	258.18	736.42
922.70	19903.00	16747.97	1527.26	322.05
182.96	775.22	224.98	1.15	20.48
367.76	6157.78	3412.82	269.29	308.20
2615.75	16883.67	14476.60	1241.87	727.14
720.64	17991.68	16355.96	558.36	319.63
880.47	11604.27	10953.86	107.46	192.18
82.98	2970.84	2615.09		252.46
611.56	1941.18	1350.67		177.68
455.68	8348.53	6003.78	150.82	999.35
96.93	5130.32	4282.78		638.26
80.31	1338.63	475.17		406.86
871.14	30160.44	17420.72	10.83	4490.12

海域使用出让情况
Granting of Sea Area

指标	Indicator	合计 Total	辽宁 Liaoning	河北 Hebei	天津 Tianjin	山东 Shandong
海域使用情况	**Sea Area Use**					
新增项目个数/个	Number of New Project/unit	**2423**	901	55	36	297
其中：填海造地	Among: Reclamation	**204**	10	25	26	
新增宗海数量/宗	Number of Newly-added Sea Area/plot	**2740**	936	61	44	324
其中：填海造地	Among: Reclamation	**248**	39	25	28	
新增用海面积/公顷	Newly-added Sea Area/hm^2	**246284.61**	142749.91	2565.33	501.67	36413.70
项目投资金额/万元	Project Investment/10^4 yuan	**95498926.72**	4338948.49	1548122.48	2245146.04	7821177.57
海域使用审批情况	**Approval of Sea Area Use**					
新增项目个数/个	Number of New Project/unit	**1998**	818	27	36	247
其中：填海造地	Among: Reclamation	**136**	10	14	26	
新增宗海数量/宗	Number of Newly-added Sea Area/plot	**2304**	853	30	44	274
其中：填海造地	Among: Reclamation	**181**	39	14	28	
新增用海面积/公顷	Newly-added Sea Area/hm^2	**192536.16**	119994.42	268.32	501.67	27718.90
项目投资金额/万元	Project Investment/10^4 yuan	**85431223.28**	4319647.49	812394.19	2245146.04	7811841.67
海域使用市场化出让情况	**Market-based Transfer of Sea Area Use**					
海域使用权招标	Bidding of Sea Area Use Right					
新增项目个数/个	Number of New Project/unit	**4**	4			
新增宗海数量/宗	Number of Newly-added Sea Area/plot	**4**	4			
新增用海面积/公顷	Newly-added Sea Area/hm^2	**967.58**	967.58			
成交价/万元	Transaction Price/10^4 yuan	**1306.23**	1306.23			
海域使用权拍卖	Auction of Sea Area Use Right					
新增项目个数/个	Number of New Project/unit	**173**	79	13		1
新增宗海数量/宗	Number of Newly-added Sea Area/plot	**173**	79	13		1
新增用海面积/公顷	Newly-added Sea Area/hm^2	**26713.73**	21787.91	118.28		339.15
成交价/万元	Transaction Price/10^4 yuan	**65228.12**	29834.14	1121.00		68.17
海域使用权挂牌	Listing of Sea Area Use Right					
新增项目个数/个	Number of New Project/unit	**248**		15		49
新增宗海数量/宗	Number of Newly-added Sea Area/plot	**259**		18		49
新增用海面积/公顷	Newly-added Sea Area/hm^2	**26067.15**		2178.73		8355.64
成交价/万元	Transaction Price/10^4 yuan	**324338.41**		13782.11		19870.82

——按地区分列（2023年）
Use by Region （2023）

江苏 Jiangsu	上海 Shanghai	浙江 Zhejiang	福建 Fujian	广东 Guangdong	广西 Guangxi	海南 Hainan	省（自治区、直辖市）外 Others
187	10	265	221	279	123	40	9
18		86	17	11	10	1	
208	15	378	263	317	130	54	10
18		100	17	11	9	1	
18246.86	936.52	8909.68	13679.51	11381.90	5153.95	4546.42	1199.17
3886664.26	3656652.49	22215804.78	15325283.26	21218590.62	5006733.82	3919575.91	4316227.00
180	10	179	176	272	16	28	9
18		43	13	11		1	
201	15	289	216	310	20	42	10
18		57	13	11		1	
16618.77	936.52	6064.53	5448.30	10587.23	68.04	3130.29	1199.17
3879564.26	3656652.49	18972006.60	15049610.02	20892990.62	625439.22	2849703.68	4316227.00
		1	2	5	72		
		1	2	5	72		
		16.17	694.10	404.67	3353.45		
		2393.71	18839.31	253.70	12718.10		
7		85	43	2	35	12	
7		88	45	2	38	12	
1628.10		2828.98	7537.12	390.00	1732.46	1416.13	
2409.00		133297.52	25912.24	51123.82	59944.74	17998.18	

海域使用出让情况——按海域使用
Granting of Sea Area Use by Type of

指 标	Indicator	海域使用类型 Type of Sea Area Use				
		合计 Total	渔业用海 Fishery Sea	工业用海 Industrial Sea	交通运输用海 Sea for Transportation	旅游娱乐用海 Sea for Tourism and Entertainment
海域使用情况	**Sea Area Use**					
新增项目个数/个	Number of New Project/unit	**2423**	1619	226	276	41
其中：填海造地	Among: Reclamation	**204**	5	107	54	
新增宗海数量/宗	Number of Newly-added Sea Area/plot	**2740**	1671	304	360	58
其中：填海造地	Among: Reclamation	**248**	5	116	80	
新增用海面积/公顷	Newly-added Sea Area/hm^2	**246284.61**	217714.23	12923.03	11043.28	581.60
项目投资金额/万元	Project Investment/10^4 yuan	**95498926.72**	3257170.09	47063466.07	32929299.33	229169.02
海域使用审批情况	**Approval of Sea Area Use**					
新增项目个数/个	Number of New Project/unit	**1998**	1329	133	247	30
其中：填海造地	Among: Reclamation	**136**	5	41	52	
新增宗海数量/宗	Number of Newly-added Sea Area/plot	**2304**	1379	211	327	42
其中：填海造地	Among: Reclamation	**181**	5	50	79	
新增用海面积/公顷	Newly-added Sea Area/hm^2	**192536.16**	169407.69	8404.86	10542.42	163.54
项目投资金额/万元	Project Investment/10^4 yuan	**85431223.28**	16066746.45	40059168.04	31623305.75	200443.98
海域使用市场化出让情况	**Market-based Transfer of Sea Area Use**					
海域使用权招标	Bidding of Sea Area Use Right					
新增项目个数/个	Number of New Project/unit	**4**	4			
新增宗海数量/宗	Number of Newly-added Sea Area/plot	**4**	4			
新增用海面积/公顷	Newly-added Sea Area/hm^2	**967.58**	967.58			
成交价/万元	Transaction Price/10^4 yuan	**1306.23**	1306.23			
海域使用权拍卖	Auction of Sea Area Use Right					
新增项目个数/个	Number of New Project/unit	**173**	171	2		
新增宗海数量/宗	Number of Newly-added Sea Area/plot	**173**	171	2		
新增用海面积/公顷	Newly-added Sea Area/hm^2	**26713.73**	26004.53	709.20		
成交价/万元	Transaction Price/10^4 yuan	**65228.12**	44004.31	21223.82		
海域使用权挂牌	Listing of Sea Area Use Right					
新增项目个数/个	Number of New Project/unit	**248**	115	91	29	11
新增宗海数量/宗	Number of Newly-added Sea Area/plot	**259**	117	91	33	16
新增用海面积/公顷	Newly-added Sea Area/hm^2	**26067.15**	21334.43	3808.98	500.86	418.05
成交价/万元	Transaction Price/10^4 yuan	**324338.41**	27938.28	255901.42	22575.78	17503.83

类型和海域使用方式分列（2023年）

Sea Area Use and Way of Sea Area Use（2023）

					海域使用方式 Way of Sea Area Use					
海底工程用海 Sea for Submarine Engineering	排污倾倒用海 Sea for Sewage Dumping	造地工程用海 Sea for Land Engineering	特殊用海 Sea for Special Use	其他用海 Sea for Other Uses	**合计 Total**	填海造地 Reclamation	构筑物 Structures	围海 Enclosing Sea	开放式 Using Sea Area with Open Water	其他方式 Others
34	6	29	84	108						
		29	7	2						
38	6	29	136	138						
		29	16	2						
484.55	26.85	144.49	1865.82	1500.77	**246284.61**	3693.06	6320.16	5657.17	222870.03	7744.19
4154935.21	108639.53	671733.46	2509337.66	4575176.36						
32	6	29	84	108						
		29	7	2						
36	6	29	136	138						
		29	16	2						
479.72	26.85	144.49	1865.82	1500.77	**192536.16**	2853.92	5003.47	4932.56	174122.42	5623.79
4076672.06	108639.53	671733.46	2509337.66	4575176.36						
					967.58				967.58	
					26713.73	16.17	0.30	118.28	25885.18	693.80
2										
2										
4.83					**26067.15**	822.96	1316.39	606.34	21894.85	1426.60
419.09										

围填海项目批准情况
Approval of Sea

指　标	Indicator	合计 Total	辽宁 Liaoning	河北 Hebei	天津 Tianjin	山东 Shandong
涉及新增围填海造地但不涉及利用历史遗留围填海项目情况	**Involved the New Reclamation Projects but Not Involving the Use of Historical Reclamation Projects**					
宗海数量/宗	Number of Sea Plot/plot	**3**				
新增填海造地批准面积/公顷	Newly Approved Area for Reclamation/ hm^2	**646.65**				
涉及项目的投资额度/万元	Investment Amount Involved in the Project/10^4 yuan	**6454150.00**				
涉及项目的预期新增就业岗位/个	Expected New Employment Opportunities Related to the Project/number					
涉及项目的预期产值/万元	Expected Output Value of the Project/10^4 yuan					
既涉及新增围填海造地又涉及利用历史遗留围填海项目情况	**Involved both the Addition of Reclamation Projects and the Utilization of Historical Reclamation Projects**					
宗海数量/宗	Number of Sea Plot/plot	**1**				
新增填海造地批准面积/公顷	Newly Approved Area for Reclamation/ hm^2	**122.73**				
利用历史遗留围填海面积/公顷	Utilize Historical Legacy Reclamation Area/hm^2	**12.51**				
涉及项目的投资额度/万元	Investment Amount Involved in the Project/10^4 yuan	**750000.00**				
涉及项目的预期新增就业岗位/个	Expected New Employment Opportunities Related to the Project/number					
涉及项目的预期产值/万元	Expected Output Value of the Project/10^4 yuan					
涉及利用历史遗留围填海但不涉及新增围填海造地项目情况	**Involving the Use of Historical Reclamation Projects but Not Involving New Land Reclamation Projects**					
宗海数量/宗	Number of Sea Plot/plot	**249**	39	25	28	3
新增填海造地批准面积/公顷	Newly Approved Area for Reclamation/ hm^2	**2985.39**	735.46	301.59	252.51	50.40

——按地区分列（2023年）

Reclamation by Region（2023）

江苏 Jiangsu	上海 Shanghai	浙江 Zhejiang	福建 Fujian	广东 Guangdong	广西 Guangxi	海南 Hainan	省（自治区、直辖市）外 Others
		1		1		1	
		545.47		11.70		89.47	
		5130000.00		296600.00		1027550.00	
				1			
				122.73			
				12.51			
				750000.00			
18		99	18	9	10		
266.54		681.84	180.61	207.58	308.87		

围填海项目批准情况
Approval of Sea Reclamation

指　标	Indicator	合计 Total	渔业用海 Fishery Sea	工业用海 Industrial Sea
涉及新增围填海造地但不涉及利用历史遗留围填海项目情况	**Involved in New Reclamation Projects but Not Involving the Use of Historical Reclamation Projects**			
宗海数量/宗	Number of Sea Plot/plot	**3**		
新增填海造地批准面积/公顷	Newly Approved Area for Reclamation/ hm^2	**646.65**		
涉及项目的投资额度/万元	Investment Amount Involved in the Project/10^4 yuan	**6454150.00**		
涉及项目的预期新增就业岗位/个	Expected New Employment Opportunities Related to the Project/number			
涉及项目的预期产值/万元	Expected Output Value of the Project/10^4 yuan			
既涉及新增围填海造地又涉及利用历史遗留围填海项目情况	**Involved both the Addition of Reclamation Projects and the Utilization of Historical Reclamation Projects**			
宗海数量/宗	Number of Sea Plot/plot	**1**		
新增填海造地批准面积/公顷	Newly Approved Area for Reclamation/ hm^2	**122.73**		
利用历史遗留围填海面积/公顷	Utilize Historical Legacy Reclamation Area/hm^2	**12.51**		
涉及项目的投资额度/万元	Investment Amount Involved in the Project/10^4 yuan	**750000.00**		
涉及项目的预期新增就业岗位/个	Expected New Employment Opportunities Related to the Project/number			
涉及项目的预期产值/万元	Expected Output Value of the Project/10^4 yuan			
涉及利用历史遗留围填海但不涉及新增围填海造地项目情况	**Involving the Use of Historical Reclamation Projects but Not Involving New Land Reclamation Projects**			
宗海数量/宗	Number of Sea Plot/plot	**249**	6	119
新增填海造地批准面积/公顷	Newly Approved Area for Reclamation/ hm^2	**2985.39**	18.27	1847.86

——按海域使用类型分列（2023年）
by Type of Sea Area Use（2023）

交通运输用海 Sea for Transportation	旅游娱乐用海 Sea for Tourism and Entertainment	海底工程用海 Sea for Submarine Engineering	排污倾倒用海 Sea for Sewage Dumping	造地工程用海 Sea for Land Engineering	特殊用海 Sea for Special Use	其他用海 Sea for Other Uses
3						
646.65						
6454150.00						
1						
122.73						
12.51						
750000.00						
77				29	16	2
911.18				144.49	62.22	1.39

主要统计指标解释

土地征收 指国家基于公共利益的需要，将农民集体所有的土地收归国有，并对被征收人给予合理补偿的行为。

批准建设用地面积 指省级以上政府（包括省级人民政府授权设区的市、自治州人民政府）依法批准的建设用地面积。

征地总面积 指经国务院和省级政府自然资源行政主管部门审查，报同级人民政府批准征收的土地面积。

国务院批准建设用地面积 指依法经自然资源部审查，报国务院批准的建设用地面积。

省级政府批准建设用地面积 指依法经省、自治区、直辖市人民政府自然资源主管部门审查，经同级人民政府批准的建设用地面积，省级人民政府授权设区的市、自治州人民政府批准的用地面积亦统计在内。

农用地转用 指批准用地面积中的农用地面积。

耕地 指批准用地面积中的耕地面积。

新增项目个数 指报告期内由国务院或有批准权的人民政府首次批准的海域使用项目数量，以用海批准时间为准。不包括由于海域使用权续期、转让、变更而重新审批的项目个数。

新增宗海数量 指报告期内由国务院或有批准权的人民政府首次批准的海域使用宗海数量，以用海批准时间为准。不包括由于海域使用权续期、转让、变更而重新批准的宗海数量。

新增用海面积 指报告期内由国务院或有批准权的人民政府首次批准的海域使用面积，以用海批准时间为准。不包括由于海域使用权续期、转让、变更而重新批准的宗海面积。

海域使用审批 指海域使用申请由政府批准后，由审批机关向海域使用申请者送达《海域使用权批准通知书》，并按规定为海域使用申请者办理用海手续的情况。

成交价 指报告期内海域使用权招标、拍卖、挂牌出让合同中的成交价，只统计海域使用金部分。

Explanatory Notes on Main Statistical Indicators

Land Requisition—the act of nationalizing the land owned by farmer collectives based on the needs of public interests and paying reasonable land compensation to the land – requisitioned persons.

Area of Approved Construction-use Land—the area of construction–use land approved according to law by governments at the provincial level and above (including governments of cities and autonomous prefectures authorized by provincial–level people's government) .

Area of Requisitioned Land—the area of requisitioned land examined by the State Council and natural resources administration departments of provincial–level governments and approved by the people's governments at the same level.

Construction-use Land Approved by the State Council—the area of construction–use land examined by the MNR and submitted to the State Council for approval according to law.

Construction-use Land Approved by Provincial Government—the area of construction–use land examined by natural resources administration departments of the people's governments of provinces, autonomous regions, and municipalities directly under the central government and approved by the people's governments at the corresponding levels. It also includes the areas approved by people's governments of cities and autonomous prefectures authorized by provincial–level governments.

Conversion of Agricultural Land—the area of agricultural land in the area of land approved.

Cultivated Land—the area of cultivated land in the area of land approved.

Number of New Project—the quantity of seas firstly approved by the State Council or the people's government with the right of approval during the reporting period, which is subject to the time of approval. It does not include the quantity of seas re–approved due to renewal, transfer or change of the sea area use right.

Number of Newly-added Sea Area—the quantity of seas firstly approved by the State Council or the people's government with the right of approval during the reporting period, which is subject to the time of approval. It does not include the quantity of seas re–approved due to renewal, transfer or change of the sea area use right.

Newly-added Sea Area—the sea area first approved by the State Council or the people's government with approval authority during the reporting period, based on the time of sea use approval, excluding sea area re approved due to renewal, transfer, or change of sea area use rights.

Approval of Sea-area Use—after the application for sea area use is approved by the government, the approval authority serves the "Notice of Approval for Sea Area Use Rights" to the sea area use applicant, and handles the sea use procedures for the sea area use applicant in accordance with regulations.

Transaction Price—the transaction price in the bidding, auction, and listing contracts for the use of sea areas during the reporting period, and only the portion of sea area use fees is included in the statistics.

四、地质海洋灾害及生态修复

Chapter 4 Geological and Marine Disasters, Ecological Restoration

地质灾害

Situation of

地 区	Region	发生地质灾害数量/处 Quantity of Geohazard/place	地质灾害类型/处 Type of Geohazard/place			
			崩塌 Avalanche	滑坡 Landslide	泥石流 Mudflow	地面塌陷 Ground Collapse
总 计	**Total**	**3668**	**2176**	**925**	**374**	**193**
北 京	Beijing	1266	1099	22	132	13
天 津	Tianjin					
河 北	Hebei	251	85	88	70	8
山 西	Shanxi	9	5	4		
内蒙古	Inner Mongolia					
辽 宁	Liaoning					
吉 林	Jilin	22	21	1		
黑龙江	Heilongjiang	3		2	1	
上 海	Shanghai					
江 苏	Jiangsu					
浙 江	Zhejiang	66	12	45	7	2
安 徽	Anhui	204	157	37	10	
福 建	Fujian	102	52	41	9	
江 西	Jiangxi	77	19	42		16
山 东	Shandong	1	1			
河 南	Henan	18	11	6		1
湖 北	Hubei	95	28	62	4	1
湖 南	Hunan	212	41	154	2	15
广 东	Guangdong	23	16	6		1
广 西	Guangxi	496	379	51	1	65
海 南	Hainan					
重 庆	Chongqing	380	125	177	11	67
四 川	Sichuan	145	39	34	71	1
贵 州	Guizhou	38	17	17	1	3
云 南	Yunnan	103	17	73	13	
西 藏	Xizang	44	7	4	33	
陕 西	Shaanxi	46	16	28	2	
甘 肃	Gansu	7	3	4		
青 海	Qinghai	47	21	23	3	
宁 夏	Ningxia	4	3	1		
新 疆	Xinjiang	9	2	3	4	

灾情（2023年）
Geohazards （2023）

地质灾害规模/处 Scale of Geohazard/place				造成伤亡人数/人 Casualties/person				造成直接经济损失/万元 Direct Economic Loss/10^4 yuan
特大型 Oversize	大型 Large	中型 Medium	小型 Small		死亡 Death	失踪 Missing	受伤 Injury	
21	**18**	**148**	**3481**	**117**	**71**	**6**	**40**	**136536.65**
5	9	74	1178					40375.36
		11	240					4116.10
		2	7	4	4			441.00
			22					108.15
1	1		1					2985.00
		3	63					864.95
		2	202					2239.20
		2	100					1791.90
			77					369.30
			1					40.00
			18					187.66
	1	6	88	12	11		1	2424.50
		2	210	1	1			2334.60
		3	20	3	2		1	1568.00
	1	10	485	25	13		12	5912.41
3		7	370	12	10		2	15414.00
7	4	10	124	27	19	3	5	34799.33
1	2	5	30	10	5		5	3129.30
3		6	94	18	3	2	13	12156.95
1		3	40	3	1	1	1	3306.69
			46	1	1			743.90
		1	6					365.72
		1	46	1	1			642.88
			4					6.50
			9					213.25

地质灾害防治情况（2023年）

Geohazards Prevention and Control （2023）

地 区	Region	地质灾害预报预警 Prediction and Early Warning of Geohazard		
		成功避让地质灾害/处 Geohazard Avoided Successfully/ place	涉及可能伤亡人员/人 Involving Potential Casualties/ person	避免直接经济损失/万元 Direct Economic Loss Avoided/ 10^4 yuan
总 计	**Total**	**427**	**5249**	**50496.20**
北 京	Beijing	39	554	
天 津	Tianjin			
河 北	Hebei	125	1248	7809.70
山 西	Shanxi	8	22	539.00
内蒙古	Inner Mongolia			
辽 宁	Liaoning			
吉 林	Jilin			
黑龙江	Heilongjiang	2	66	2000.00
上 海	Shanghai			
江 苏	Jiangsu			
浙 江	Zhejiang	34	151	1434.50
安 徽	Anhui	3	46	150.00
福 建	Fujian	21	58	108.00
江 西	Jiangxi	12	67	11.00
山 东	Shandong			
河 南	Henan	1	1	60.00
湖 北	Hubei	31	313	1556.50
湖 南	Hunan	16	207	1185.00
广 东	Guangdong	3	25	5.30
广 西	Guangxi	15	163	436.00
海 南	Hainan			
重 庆	Chongqing	13	216	9100.00
四 川	Sichuan	28	437	4438.50
贵 州	Guizhou	19	453	14075.00
云 南	Yunnan	14	207	1875.00
西 藏	Xizang	2	696	5300.00
陕 西	Shaanxi	35	212	181.70
甘 肃	Gansu	3	76	220.00
青 海	Qinghai	2	13	11.00
宁 夏	Ningxia			
新 疆	Xinjiang	1	18	

海洋灾害损失情况——按地区分列（2023年）

Marine Disaster Losses by Region（2023）

地　区	Region	发生次数/次 Number of Marine Disaster/time	因灾死亡人口/人 Disaster-related Death Toll/person	因灾失踪人口/人 Disaster-related Missing People/person	受损海堤、护岸 Damaged Seawall and Revetment		直接经济损失/万元 Direct Economic Loss/10^4 yuan
					数量/处 Quantity/place	长度/千米 Length/km	
总　计	**Total**	**13**	**4**	**4**	**65**	**7.06**	**250717.77**
辽　宁	Liaoning	1			2	0.60	1330.00
河　北	Hebei						
天　津	Tianjin						
山　东	Shandong						
江　苏	Jiangsu	4			2	0.51	1700.00
上　海	Shanghai						
浙　江	Zhejiang	2			3	0.07	3775.53
福　建	Fujian	5	3	4	45	3.76	212348.35
广　东	Guangdong	3	1		5	1.92	18253.39
广　西	Guangxi	2			8	0.20	13310.50
海　南	Hainan						

注：跨省灾害过程分别计入各省（自治区、直辖市）数据，在全国总数中已合并。

Note: The provincial data of trans-provincial disaster processes are recorded separately and merged into the national total.

海洋灾害损失情况——按海洋灾害类型分列（2023年）
Marine Disaster Losses by Type of Marine Disaster （2023）

指标名称	Indicator	合计 Total	风暴潮 Storm Surge	海浪 Sea Wave	海啸 Tsunami	海冰 Sea Ice	其他 Others
发生次数/次	Number of Marine Disaster/time	**13**	7	5			1
因灾死亡人口/人	Disaster-related Death Toll/person	**4**		4			
因灾失踪人口/人	Disaster-related Missing People/person	**4**		4			
受损海堤、护岸数量/处	Quantity of Damaged Seawall and Revetment/place	**65**	63	2			
受损海堤、护岸长度/千米	Length of Damaged Seawall and Revetment/km	**7.06**	6.46	0.60			
直接经济损失/万元	Direct Economic Loss/10^4 yuan	**250717.77**	248050.27	2622.50			45.00
海岸防护工程直接经济损失/万元	Direct Economic Loss of Coastal Protection Engineering/10^4 yuan	**6564.90**	5914.90	650.00			
海水养殖业直接经济损失/万元	Direct Economic Loss of Seawater Aquaculture Industry/10^4 yuan	**241035.72**	239690.72	1300.00			45.00
海洋观测设施直接经济损失/万元	Direct Economic Loss of Ocean Observation Facilities/10^4yuan	**109.50**	109.50				

沿海地区海平面变化情况（2023年）
Changes in Sea Level in Coastal Areas（2023）

地区	Region	海平面较上年变化/毫米 Change in Sea Level Compared to the Previous Year/mm
辽　宁	Liaoning	3
河　北	Hebei	8
天　津	Tianjin	8
山　东	Shandong	–6
江　苏	Jiangsu	–22
上　海	Shanghai	–40
浙　江	Zhejiang	–35
福　建	Fujian	–43
广　东	Guangdong	–45
广　西	Guangxi	–20
海　南	Hainan	–43

矿山生态

Restoration of

地 区	Region	采矿损毁土地情况 Land Damaged by Mining		矿山生态修复土地情况 Mine Ecological Restoration Land		
		现存采矿损毁土地面积/公顷 Existing Area of Land Damaged by Mining/hm²		新增矿山生态修复土地面积/公顷 Newly Added Mine Ecological Restoration Land Area/hm²		
			新增采矿损毁土地面积 Area of Newly Added Land Damaged by Mining		新增历史遗留矿山生态修复土地面积 Area of Newly Added Land for Ecological Restoration of Historical Mine	合计 Total
总 计	**Total**	**850847.38**	**111414.06**	**133116.49**	**35546.25**	**3649818.59**
北 京	Beijing	592.18		118.22	77.18	6723.56
天 津	Tianjin	1442.74		67.22	67.22	
河 北	Hebei	49206.55	1237.91	3908.39	2786.54	54226.12
山 西	Shanxi	93871.18	18409.75	17153.26		335980.96
内蒙古	Inner Mongolia	119635.92	15530.89	30001.76	7005.32	1142843.57
辽 宁	Liaoning	53838.83	1353.98	3575.77	847.80	94548.03
吉 林	Jilin	16408.11	519.07	1321.12	820.65	36686.10
黑龙江	Heilongjiang	61395.25	7492.98	2969.04	2195.16	32073.09
上 海	Shanghai	2.21				
江 苏	Jiangsu	13182.43	1303.00	1128.51	95.90	58022.59
浙 江	Zhejiang	6239.20	1577.54	1180.50	809.67	70611.56
安 徽	Anhui	57027.24	1826.83	4068.66	1097.32	131374.86
福 建	Fujian	13897.15	387.17	1612.40	1168.92	52185.01
江 西	Jiangxi	16203.42	2322.48	3608.98	1417.01	129437.55
山 东	Shandong	38902.64	1998.01	4120.89	1490.35	166107.75
河 南	Henan	25462.28	5284.36	5215.92	2663.79	155000.14
湖 北	Hubei	9206.42	2411.87	2249.78	655.26	97670.70
湖 南	Hunan	12373.69	2358.06	7022.97	3600.75	143921.78
广 东	Guangdong	20893.98	1818.53	5729.44	1013.28	62530.79
广 西	Guangxi	33924.09	1393.47	2641.59	1101.77	48882.47
海 南	Hainan	796.02	445.11	575.54	46.55	31146.94
重 庆	Chongqing	8799.73	447.89	924.28	469.72	22273.28
四 川	Sichuan	14311.77	2905.99	1937.11	359.44	68466.65
贵 州	Guizhou	8044.12	608.00	1114.95	374.07	44829.97
云 南	Yunnan	36631.68	4638.30	4672.22	2439.51	74665.65
西 藏	Xizang	5572.58	2998.40	334.09		36281.94
陕 西	Shaanxi	32439.19	17849.86	14019.18	32.79	419155.09
甘 肃	Gansu	16861.55	1680.59	1827.94	298.24	33292.41
青 海	Qinghai	7521.89	4212.28	1125.17	597.43	11585.67
宁 夏	Ningxia	11735.65	734.17	2948.12	1720.35	41717.64
新 疆	Xinjiang	64427.69	7667.57	5943.47	294.26	47576.72

修复情况（2023年）
Mine Ecology (2023)

投入矿山生态修复资金情况 Fund Invested for Mine Ecological Restoration				矿山地质环境治理恢复基金使用情况 Usage of the Mine Geological Environment Governance and Restoration Fund	
本年资金投入额/万元 Amount of Fund Invested This Year/10^4 yuan				本年基金提取数额/万元 Amount Withdrawn from the Fund This Year/10^4 yuan	本年基金使用数额/万元 Amount of Fund Usage This Year/10^4 yuan
中央财政资金 Central Financial Fund	地方财政资金 Local Financial Fund	矿山企业资金 Fund from Mining Enterprise	其他社会资金 Other Social Fund		
285830.51	**570933.26**	**2633399.99**	**159654.83**	**4095825.44**	**1814864.50**
	2723.48	4000.08			
	24521.35	29704.77		59045.91	12669.79
10058.27	18846.69	307076.00		1062445.90	237563.85
32101.00	27181.35	1078135.99	5425.23	1222626.84	945368.71
10239.40	35054.75	48258.96	994.92	22364.46	21114.91
21000.00	7885.15	7800.95		2504.48	671.07
6977.00	14113.73	4071.25	6911.11	10754.65	1246.79
16637.32	31703.78	9601.49	80.00	3741.08	2027.95
	27943.95	29183.67	13483.94	20355.66	11073.41
3437.95	46615.76	79143.15	2178.00	58343.32	42583.87
15412.00	15585.28	20717.73	470.00	13147.09	8628.30
13049.68	27537.87	63917.39	24932.61	53988.49	23640.28
3867.53	44151.94	74206.10	43882.18	106326.65	49738.21
7253.88	16819.46	100406.04	30520.76	97502.97	54532.31
1002.08	64062.83	32022.00	583.79	22132.12	2706.86
49215.40	45686.82	41416.49	7603.07	28395.96	11231.54
4733.55	33246.13	24494.47	56.64	9329.17	7143.42
968.31	9373.21	28455.51	10085.44	2859.56	2116.40
	3092.00	23801.54	4253.40	5293.70	2902.12
107.17	15944.53	6050.59	170.99	14588.71	2977.47
10000.00	5856.93	52579.72	30.00	55042.22	11987.64
5124.12	6481.05	33072.84	151.96	43469.00	23081.26
21917.20	8985.70	36323.05	7439.70	18802.87	3450.64
2272.28	4899.59	29110.07		14375.88	13528.65
21658.73	8872.85	388623.51		961676.72	294801.00
7144.46	5935.05	20184.90	28.00	16079.86	6413.63
1411.07	180.00	9994.60		4911.44	4610.69
20242.11	14007.02	7468.51		3414.33	1307.98
	3625.01	43578.62	373.09	162306.40	15745.75

沿海地区海洋生态修复情况（2023年）
Restoration of Marine Ecology in Coastal Areas（2023）

地　区	Region	修复滨海湿地面积/公顷 Area of Restored Coastal Wetland/hm^2	修复海岸线长度/千米 Length of Restored Coastline/km	修复海岛个数/个 Quantity of Restored Island/number	投资金额/万元 Investment/10^{4}yuan			
					合计 Total	中央财政资金 Central Financial Fund	地方财政资金 Local Financial Fund	社会资金 Social Fund
总　计	**Total**	**20733.25**	**236.73**	**29**	**830527.83**	**400000.00**	**394635.17**	**35892.66**
天　津	Tianjin	1368.60	23.49		83493.79	37000.00	46493.79	
河　北	Hebei	3566.16	21.17		43173.98	40000.00	3173.98	
辽　宁	Liaoning	292.43	2.92	13	51053.32	28000.00	22885.44	167.88
上　海	Shanghai	166.53	16.75		51544.00	39000.00	12544.00	
江　苏	Jiangsu	3109.85	35.54		20223.52	9000.00	11169.62	53.90
浙　江	Zhejiang	2152.50	17.35	1	124248.43	28000.00	80101.43	16147.00
福　建	Fujian	328.68	7.11		117999.94	84000.00	33999.94	
山　东	Shandong	6270.85	13.85	8	158236.11	69000.00	80360.30	8875.81
广　东	Guangdong	2192.41	52.22	5	123069.87	40000.00	81901.86	1168.01
广　西	Guangxi	771.33	18.41	2	14834.71	4000.00	1802.17	9032.54
海　南	Hainan	513.91	27.92		42650.16	22000.00	20202.64	447.52

主要统计指标解释

地质灾害 包括自然因素或人为活动引发的危害人民生命和财产安全的山体崩塌、滑坡、泥石流、地面塌陷、地面沉降等与地质作用有关的灾害。地质灾害数量的计量单位统一用“处”，对于难以区分确切数量的同一次降雨（或其他因素）引发的群发性地质灾害归为1处灾害。地裂缝、地面沉降、海水入侵数量只统计报告期内发现的或报告期之前发现且报告期内继续发展的。

崩塌 指陡坡上大块的岩土体在重力作用下突然脱离母体崩落的物理地质现象。

滑坡 指斜坡上不稳定的岩土体在重力作用下沿一定软弱面（或滑动带）整体向下滑动的物理地质现象。

泥石流 指山地突然暴发的饱含大量泥沙、石块的特殊洪流。

地面塌陷 指地表岩土体在自然或人为因素作用下向下陷落，并在地面形成塌陷坑（洞）的一种动力地质现象。

造成伤亡人数 指因发生各类地质灾害造成的人员受伤、死亡和失踪情况。

失踪 指根据证据推断人员已经死亡，但是没有找到或确认死者的尸体。

造成直接经济损失 指用货币衡量的直接财产损失。

地质灾害预报预警 指报告期内通过群测群防、专业监测、气象预警等对地质灾害发生的地点、时间及其灾害影响范围、强度进行预报预警。

成功避让地质灾害 指报告期内根据预报预警信息而成功避让的地质灾害数。

涉及可能伤亡人员 指如不搬迁避让可能造成的伤亡人员。

避免直接经济损失 指报告期内根据预报预警信息，采取防范措施，避免的能够用货币衡量的地质灾害直接财产损失。要按照实际情况确定，以地质灾害实际影响范围测定，如倒塌房屋内居住人员或灾害现场活动人员等。

现存采矿损毁土地面积 指截至本年末本行政区现存由采矿活动造成土地被挖损、塌陷、压占等的面积。现存采矿损毁土地面积=上年末存量采矿损毁土地面积+本年新增采矿损毁土地面积–本年新增矿山生态修复土地面积。

新增采矿损毁土地面积 指本年内本行政区由采矿活动造成土地被挖损、塌陷、压占等的面积。

新增矿山生态修复土地面积 指本年内本行政区对采矿活动造成的损毁土地，采取恢复、治理措施，达到可供利用状态且通过自然资源管理部门验收或认定的土地面积。

新增历史遗留矿山生态修复土地面积 指本年内本行政区对由政府承担治理恢复责任的废弃矿山损毁土地，采取恢复、治理措施，达到可供利用状态且通过自然资源管理部门验收或认定的土地面积。

投入矿山生态修复资金 指用于开展矿山地质环境治理、土地复垦以及生态功能提升等矿山生态修复的资金投入，包括中央财政资金、地方财政资金、矿山企业资金以及其他各类社会资金。

中央财政资金 指中央财政投入的用于开展矿山地质环境治理、土地复垦以及生态功能提升等矿山生态修复的资金。

地方财政资金 指地方财政投入的用于开展矿山地质环境治理、土地复垦以及生态功能提升等矿山生态修复的资金。

矿山企业资金 指矿山企业投入的用于开展矿山地质环境治理、土地复垦以及生态功能提升等矿山生态修复的资金。

其他社会资金 指其他各类社会资金投入的用于开展矿山地质环境治理、土地复垦以及生态功能提升等矿山生态修复的资金。

矿山地质环境治理恢复基金 指矿山企业履行矿山环境治理恢复与土地复垦法定义务，根据有关规定，按照矿山地质环境保护与土地复垦方案及实际需要，预先计提并存于本企业在银行设立的专项基金账户，专项用于矿山地质环境治理、矿区土地复垦及生态功能提升等支出的资金。

本年基金提取数额 指报告期内本行政区矿山企业提取基金的数额。

本年基金使用数额 指报告期内本行政区矿山企业使用基金的数额。

修复滨海湿地面积 指本年度完成的退养还湿、退养还滩以及红树林、盐沼植被、海草床等滨海湿地生态修复面积。

修复海岸线长度 指本年度完成的海滩修复、海岸侵蚀防护、海堤生态化建设等长度。

修复海岛个数 指本年度完成的海岛生态修复个数，包括无居民海岛和有居民海岛。

投资金额 指本年度总投资金额，包括中央财政资金、地方财政资金和社会资金。

中央财政资金 指本年度财政部下达的中央财政奖补资金金额。

地方财政资金 指本年度地方财政投入金额。

社会资金 指本年度社会资金投入金额。

Explanatory Notes on Main Statistical Indicators

Geohazard—sudden geohazards such as mountain collapse, landslide, mudflow, ground collapse, and land subsidence caused by natural factors or human activities that endanger the safety of lives and property. "Place" is used as the unit of measurement of the quantity of geohazard, and the group–occurring geohazards induced by the same rain (or other factors), whose accurate quantity is difficult to determine, are considered as one place of hazard. For the quantities of ground cracks, land subsidence, and seawater invasion, only those that are discovered during or before the reporting period and continue to develop during the reporting period are calculated.

Avalanche—the physical–geological phenomenon that a large mass of soil or rock on steep slopes is suddenly divorced from its parent mass and falls under the force of gravity.

Landslide—the physical–geological phenomenon of en–masse downward slide of unstable soil and rock material on slopes along particular surfaces of weakness (or slide zones) under the force of gravity.

Mudflow—the sudden rush of flood torrents containing large amounts of mud and rock debris that suddenly moves downslope in mountains.

Ground Collapse—a dynamic geological phenomenon of downward collapse of surface rock and soil and formation of collapse pits (caves) at the ground surface under the action of natural or human factors.

Casualties—injury, death, and missing caused by various kinds of geohazard.

Missing—the case of a missing person who is inferred according to evidence to be dead but whose corpse has not been found or identified.

Direct Economic Loss—direct losses of properties, expressed as currency.

Prediction and Early Warning of Geohazard—the prediction and early–warning of the site and time of occurrence of a geohazard and its scope of influence and intensity through monitoring and control by the masses, professional monitoring, and meteorological early–warning of the geohazard during the reporting period.

Geohazard Avoided Successfully—the number of geohazard avoided successfully according to the information of prediction and early–warning during the reporting period.

Involving Potential Casualties—the number of injury and death caused possibly if the people do not move away and avoid the geohazard.

Direct Economic Loss Avoided—the direct economic loss of a geohazard to property avoided by taking precautionary measures according to the information provided by prediction and early–warning during the reporting period. The loss can be measured by currency. The measurement must be made according to the actual condition and the actual influence scope of the geohazard, e.g. inhabitants in collapsed houses.

Existing Area of Land Damaged by Mining—the area of land in the administrative region that has been excavated, collapsed, or occupied due to mining activities as of the end of this year. Existing mining damaged land area=Existing mining damaged land area at the end of last year+Newly added mining damaged land area this year－Newly added mining ecological restoration land area this year.

Area of Newly Added Land Damaged by Mining—the area of land in this administrative region that has been excavated, collapsed, or occupied due to mining activities during the current year.

Newly Added Mine Ecological Restoration Land Area—the area of land that has been damaged by mining activities in the administrative region this year, and has been restored and treated to a usable state, and has been accepted or recognized by the natural resources management department.

Area of Newly Added Land for Ecological Restoration of Historical Mine—the area of land in this administrative region that has been restored and treated by the government for abandoned mines and damaged land, and has reached a usable state within this year, and has been accepted or recognized by the natural resources management department.

Fund Invested for Mine Ecological Restoration—he funds used for carrying out mine geological environment governance, land reclamation, and ecological function improvement, including central financial funds, local financial funds, mining enterprise funds, and other types of social funds.

Central Financial Fund—the funds invested by the central government for carrying out ecological restoration of mines, such as geological environment governance, land reclamation, and ecological function enhancement.

Local Financial Funds—he funds invested by local finance for carrying out ecological restoration of mines, such as geological environment governance, land reclamation, and ecological function enhancement.

Fund from Mining Enterprise—the funds invested by mining enterprises for carrying out ecological restoration of mines, such as geological environment governance, land reclamation, and ecological function enhancement.

Other Social Fund—funds invested by various types of social funds for carrying out mine geological environment governance, land reclamation, and ecological function enhancement for mine ecological restoration.

Mine Geological Environment Governance and Restoration Fund—the funds that mining enterprises fulfill their legal obligations for mining environmental governance and land reclamation. According to relevant regulations, the Fund is pre provisioned and stored in a special fund account established by the enterprise in the bank, in accordance with the mining geological environment protection and land reclamation plan and actual needs, and is specifically used for expenses such as mining geological environment governance, mining area land reclamation, and ecological function improvement.

Amount Withdrawn from the Fund This Year—the amount of funds withdrawn by mining enterprises in this administrative region during the reporting period.

Amount of Fund Usage This Year—the amount of funds used by mining enterprises in this administrative region during the reporting period.

Area of Restored Coastal Wetland—the ecological restoration area of coastal wetlands such as mangroves, salt marsh vegetation, and seagrass beds completed this year.

Length of Restored Coastline—the length of beach restoration, coastal erosion protection, and ecological construction of seawalls completed this year.

Quantity of Restored Island—the number of island ecological restoration completed this year, including uninhabited islands and inhabited islands.

Investment—the total investment amount for this year, including Central financial funds, Local financial funds, and social funds.

Central Financial Fund—the amount of central financial award and subsidy funds issued by the Ministry of Finance this year.

Local Financial Fund—the amount of local financial investment this year.

Social Fund—the amount of social capital investment this year.

五、测绘地理信息

Chapter 5 Surveying and Mapping, Geographic Information

测绘资质单位数量

Number and Total Service Value of Surveying and

地 区	Region	合计 Total	
		单位数量/个 Number of Agency/number	服务总值/万元 Total Service Value/10[4] yuan
总 计	**Total**	**21006**	**16566975.08**
北 京	Beijing	713	2762682.61
天 津	Tianjin	279	342318.32
河 北	Hebei	1087	487546.68
山 西	Shanxi	745	260530.68
内蒙古	Inner Mongolia	635	312722.51
辽 宁	Liaoning	537	329308.74
吉 林	Jilin	450	167650.33
黑龙江	Heilongjiang	357	201624.86
上 海	Shanghai	270	619090.95
江 苏	Jiangsu	1451	954906.17
浙 江	Zhejiang	925	1148471.52
安 徽	Anhui	768	446058.76
福 建	Fujian	620	379798.74
江 西	Jiangxi	835	321035.76
山 东	Shandong	1234	789144.05
河 南	Henan	1033	483464.56
湖 北	Hubei	1044	1040102.90
湖 南	Hunan	699	492106.41
广 东	Guangdong	1366	1534127.55
广 西	Guangxi	758	352048.70
海 南	Hainan	293	90758.86
重 庆	Chongqing	369	325890.96
四 川	Sichuan	1620	892738.36
贵 州	Guizhou	519	240316.27
云 南	Yunnan	752	398893.59
西 藏	Xizang	55	45423.63
陕 西	Shaanxi	614	633312.85
甘 肃	Gansu	296	168857.73
青 海	Qinghai	140	102055.68
宁 夏	Ningxia	166	55517.96
新 疆	Xinjiang	376	188468.39

和服务总值（2023年）
Mapping Qualification Agency（2023）

按测绘资质等级分 Grouped by Surveying and Mapping Qualification Grade			
甲级 Grade A		乙级 Grade B	
单位数量/个 Number of Agency/number	服务总值/万元 Total Service Value/10^4 yuan	单位数量/个 Number of Agency/number	服务总值/万元 Total Service Value/10^4 yuan
2081	**10289481.53**	**18925**	**6277493.55**
202	2161885.68	511	600796.93
46	262751.26	233	79567.06
97	250913.87	990	236632.81
38	107149.80	707	153380.88
49	161170.23	586	151552.28
47	205015.44	490	124293.30
41	77136.14	409	90514.19
39	123065.81	318	78559.05
60	393396.29	210	225694.66
133	604300.97	1318	350605.20
94	723886.71	831	424584.81
68	167610.48	700	278448.28
63	258607.32	557	121191.42
61	163541.19	774	157494.57
114	453918.63	1120	335225.42
116	242735.19	917	240729.37
132	712663.83	912	327439.07
72	286008.67	627	206097.74
158	1063841.17	1208	470286.38
35	179951.78	723	172096.92
16	37301.44	277	53457.42
26	183523.53	343	142367.43
120	467897.53	1500	424840.83
24	88125.62	495	152190.65
51	199442.96	701	199450.63
4	12227.81	51	33195.82
81	425955.14	533	207357.71
39	99560.06	257	69297.67
20	67154.52	120	34901.16
7	24609.20	159	30908.76
28	84133.26	348	104335.13

测绘资质单位

Employees of Surveying and

单位：人

地区	Region	测绘从业人员年末人数 Employee of Surveying and Mapping Qualification Agency at the End of the Year	按资质等级分 Grouped by Qualification Grade 甲级 Grade A	乙级 Grade B	其中：测绘作业证持证人数 Among: Person with Surveying and Mapping Operation Certificate	其中：年内录用应届毕业生 Among: Employment of Fresh Graduates During the Year	测绘从业人员年平均人数/人 Annual Average Employee of Surveying and Mapping/person
总 计	**Total**	**456697**	**200589**	**256108**	**180419**	**13834**	**447569**
北 京	Beijing	34683	26115	8568	7188	1010	34333
天 津	Tianjin	7290	3975	3315	3931	286	7165
河 北	Hebei	21937	8417	13520	7328	613	22060
山 西	Shanxi	14431	5180	9251	4986	406	14029
内蒙古	Inner Mongolia	10038	3466	6572	4462	241	9737
辽 宁	Liaoning	9975	4070	5905	4960	224	9721
吉 林	Jilin	7197	2695	4502	3458	137	7015
黑龙江	Heilongjiang	7501	3714	3787	3117	175	7539
上 海	Shanghai	9150	5078	4072	2210	265	9039
江 苏	Jiangsu	28145	12175	15970	11191	694	27465
浙 江	Zhejiang	21494	8208	13286	9965	680	20641
安 徽	Anhui	14918	5240	9678	6844	571	15432
福 建	Fujian	12038	5018	7020	5410	312	11772
江 西	Jiangxi	12342	4480	7862	5615	428	11800
山 东	Shandong	25052	10401	14651	11059	675	24693
河 南	Henan	20745	7748	12997	9393	490	20750
湖 北	Hubei	28561	14839	13722	6722	1050	28020
湖 南	Hunan	14812	6238	8574	6514	409	14483
广 东	Guangdong	36411	18757	17654	12546	1149	36123
广 西	Guangxi	14287	4696	9591	5822	394	13781
海 南	Hainan	3775	885	2890	1862	93	3681
重 庆	Chongqing	9676	3545	6131	3216	254	9279
四 川	Sichuan	29542	10260	19282	15005	916	28498
贵 州	Guizhou	8826	2321	6505	4208	257	8638
云 南	Yunnan	14891	4363	10528	7207	634	14383
西 藏	Xizang	946	153	793	458	70	828
陕 西	Shaanxi	18559	10423	8136	6748	913	17803
甘 肃	Gansu	6957	3448	3509	2995	184	6674
青 海	Qinghai	3422	1873	1549	1657	74	3338
宁 夏	Ningxia	2391	505	1886	1157	44	2317
新 疆	Xinjiang	6705	2303	4402	3185	186	6532

从业人员数量（2023年）

Mapping Qualification Agency（2023）

Unit：person

专业技术人员年末人数 Number of Professional and Technical Personnel at the End of the Year							技能人才 Skilled Personnel
	测绘专业技术人员 Surveying and Mapping Professional and Technical Personnel					测绘相关专业技术人员 Surveying and Mapping Related Professional and Technical Personnel	
		高级 Senior	中级 Intermediate	初级 Junior	其他 Others		
391553	**253343**	**39351**	**98241**	**94560**	**21191**	**138210**	**37226**
26051	14809	2824	5408	5018	1559	11242	1876
6162	4340	1120	1665	1375	180	1822	462
18342	11514	1708	4668	4447	691	6828	2342
12480	7810	883	3116	2922	889	4670	2095
9234	5996	837	2648	2167	344	3238	731
8930	5645	1199	2766	1463	217	3285	808
6632	4512	873	1775	1611	253	2120	458
6848	4756	1163	1656	1432	505	2092	557
7113	4260	769	1565	1568	358	2853	1116
24150	15698	2410	6077	5958	1253	8452	2415
18247	12506	1747	5141	4579	1039	5741	1177
13141	8440	1188	3130	3431	691	4701	1396
10543	6869	998	2705	2591	575	3674	620
11348	7320	931	2737	3075	577	4028	1247
21839	14812	2317	6076	5554	865	7027	1226
18335	12735	1447	4713	5749	826	5600	1651
24394	14328	2363	5546	5116	1303	10066	2940
12886	8273	1309	3367	2950	647	4613	1434
28799	17564	2404	6228	7240	1692	11235	2646
12920	8138	1246	3752	2611	529	4782	706
3407	2318	219	888	1060	151	1089	289
8389	5187	1149	1855	1774	409	3202	867
26244	18113	2242	6388	7764	1719	8131	2589
7771	5104	804	2106	1709	485	2667	809
13466	8756	1412	3301	2956	1087	4710	1225
856	583	60	175	238	110	273	100
15603	10951	1641	3725	4267	1318	4652	1770
6121	4075	632	1658	1460	325	2046	749
3015	2104	310	838	738	218	911	319
2162	1417	175	580	582	80	745	192
6125	4410	971	1988	1155	296	1715	414

测绘基准
Surveying and Mapping Benchmark

地 区	Region	卫星导航定位基准站累计建成/座 Accumulated Construction of Satellite Navigation and Positioning Reference Stations/number	自然资源部门投资建成 Invested and Constructed by the Natural Resources Department	本年建成 Completed This Year	利用其他行业部门站点 Utilizing Other Industry Sector Sites	本年利用 Utilizing This Year
总 计	**Total**	**3474**	**3213**	**128**	**261**	**61**
北 京	Beijing	19	7		12	
天 津	Tianjin	24	14	2	10	10
河 北	Hebei	107	95	20	12	
山 西	Shanxi	102	102			
内蒙古	Inner Mongolia	160	160			
辽 宁	Liaoning	55	55	7		
吉 林	Jilin	44	44			
黑龙江	Heilongjiang	148	136		12	
上 海	Shanghai	13	10		3	
江 苏	Jiangsu	164	164	10		
浙 江	Zhejiang	77	77	2		
安 徽	Anhui	68	57	3	11	
福 建	Fujian	83	83	3		
江 西	Jiangxi	75	75			
山 东	Shandong	136	116	11	20	1
河 南	Henan	246	246	2		
湖 北	Hubei	92	92	1		
湖 南	Hunan	146	146	13		
广 东	Guangdong	225	201	16	24	24
广 西	Guangxi	141	141	1		
海 南	Hainan	22	18		4	
重 庆	Chongqing	62	62	1		
四 川	Sichuan	186	162		24	
贵 州	Guizhou	89	89			
云 南	Yunnan	248	234	12	14	14
西 藏	Xizang	35	35			
陕 西	Shaanxi	94	69		25	
甘 肃	Gansu	145	112	21	33	12
青 海	Qinghai	115	115	1		
宁 夏	Ningxia	33	33	2		
新 疆	Xinjiang	320	263		57	

注：统计范围为省级自然资源主管部门、新疆生产建设兵团自然资源局，其中陕西省、黑龙江省、四川省、海南省由自然资源部派

Note: The statistical scope includes provincial natural resources authorities and the Natural Resources Bureau of Xinjiang Production and filled out by the Shaanxi Bureau of Surveying, Mapping and Geo information, Heilongjiang Bureau of Surveying and Mapping Geographic Information, dispatched by the Ministry of Natural Resources.

生产情况（2023年）

Production Situation（2023）

本年GNSS大地控制点测量/点 GNSS Geodetic Control Point Survey This Year/point	本年水准测量 Leveling Measurement This Year		本年重力测量/点 Gravity Measurement for This Year/point	本年似大地水准面精化面积/平方千米 Refined Area of Quasi Geoid This Year/km^2	
	点数/点 Number of points/point	水准观测长度/千米 Leveling Observation Length/km		省级精化面积 Provincial Refined Area	城市级精化面积 Urban Level Refined Area
3981	**19211**	**56546.10**	**4078**	**343016.70**	
	2293	3534.10			
				188000.00	
11	88	4389.70			
136	185	1200.00			
750	2772	5445.80			
	414	1167.90			
	3180	3180.00		155000.00	
83					
				16.70	
291	1841	6695.00			
497	3279	21373.50	4078		
	16	112.00			
89	47	220.00			
	283	1460.00			
	746	3521.80			
2124	3957	3108.30			
	110	1138.00			

出机构陕西测绘地理信息局、黑龙江测绘地理信息局、四川测绘地理信息局和海南测绘地理信息局组织填报。

Construction Corps. Among them, the data of Shaanxi Province, Heilongjiang Province, Sichuan Province, and Hainan Province are organized and Sichuan Bureau of Surveying, Mapping and Geoinformation, and Hainan Administration of Surveying Mapping and Geoinformation, which are

航空摄影
Aerial Photography

单位：平方千米

地区	Region	管理机构获取情况 Administrative							
			数字航空摄影 Digital Aerial Photography				机载LiDAR Airborne LiDAR		
		合计 Total		0.2米以内（含） Better than 0.2 m (Inclusive)	0.2～0.5米（含） 0.2～0.5 m (Inclusive)	0.5米以上 Below 0.5 m		多于1点/平方米 More than 1 point/m^2	1点及以内/平方米 1 point or Less/m^2
总　计	**Total**	**1679009.14**	**887207.62**	**782049.29**	**91775.44**	**13382.89**	**531416.98**	**394378.98**	**137038.00**
北　京	Beijing	7731.00	4991.00	4991.00			1370.00	1370.00	
天　津	Tianjin	12000.00	12000.00	12000.00					
河　北	Hebei	124586.00	550.00	527.00	23.00				
山　西	Shanxi	153942.60	69615.00	66739.00	2876.00		81513.00	81513.00	
内蒙古	Inner Mongolia	88076.39	35166.43	31519.93		3646.50	51355.89	31443.89	19912.00
辽　宁	Liaoning	15229.10	110.00	110.00			14500.00		14500.00
吉　林	Jilin	34.00	34.00		34.00				
黑龙江	Heilongjiang	20807.00	424.00	424.00			20233.00		20233.00
上　海	Shanghai	8000.00	8000.00	8000.00					
江　苏	Jiangsu	82345.00	66807.00	64439.00	505.00	1863.00	8827.00	8827.00	
浙　江	Zhejiang	88781.20	40636.20	40636.20			2005.00	2005.00	
安　徽	Anhui	153461.32	81496.65	81496.35		0.30	71835.47	71835.47	
福　建	Fujian	13225.90	8403.70	8320.70	83.00		4200.00	4200.00	
江　西	Jiangxi	3581.44	1792.17	1080.17	674.00	38.00	3.67	3.67	
山　东	Shandong	123166.31	59434.62	57702.62	1732.00		50187.00	187.00	50000.00
河　南	Henan	10935.67	10351.03	6628.53		3722.50			
湖　北	Hubei	59674.41	55426.19	51311.62	1867.57	2247.00	52.55	52.55	
湖　南	Hunan	2834.40	1243.20	1164.00	78.20	1.00	375.00	345.00	30.00
广　东	Guangdong	111619.89	96326.50	94346.50	1980.00		7707.20	7707.20	
广　西	Guangxi	106356.16	105660.87	105475.91	4.96	180.00	9.00	9.00	
海　南	Hainan	500.00					500.00	500.00	
重　庆	Chongqing	6462.00	6158.00	6158.00					
四　川	Sichuan	21810.42	12278.03	10568.83	451.61	1257.59	9239.00	9239.00	
贵　州	Guizhou	25197.18	23510.60	23418.60	50.00	42.00			
云　南	Yunnan	47352.20	9380.95	5901.65	3474.30	5.00	35002.00	35002.00	
西　藏	Xizang	33.91							
陕　西	Shaanxi	4966.13	4649.00	4269.00		380.00			
甘　肃	Gansu	71088.62	1264.23	750.53	513.70		30000.00	30000.00	
青　海	Qinghai	23000.00	22700.00	900.00	21800.00				
宁　夏	Ningxia	20603.68	20344.92	20344.92					
新　疆	Xinjiang	181357.71	70683.33	70625.23	58.10		110139.20	110139.20	
国家基础地理信息中心	National Geomatics Center of China	90249.50	57770.00	2200.00	55570.00		32363.00		32363.00

获取情况（2023年）
Acquisition（2023）

Unit：km²

Organization Acquisition											
机载SAR Airborne SAR				倾斜摄影 Oblique Photogrammetry				其他 Others			
	0.2米以内（含）Better than 0.2 m (Inclusive)	0.2～0.5米（含）0.2～0.5 m (Inclusive)	0.5米以上 Below 0.5 m		0.2米以内（含）Better than 0.2 m (Inclusive)	0.2～0.5米（含）0.2～0.5 m (Inclusive)	0.5米以上 Below 0.5 m		0.2米以内（含）Better than 0.2 m (Inclusive)	0.2～0.5米（含）0.2～0.5 m (Inclusive)	0.5米以上 Below 0.5 m
2357.00	**2357.00**			**208852.42**	**202382.40**	**5031.52**	**1438.50**	**49175.12**	**286.00**	**47209.12**	**1680.00**
				1370.00	1370.00						
				124036.00	124036.00						
				2814.60	2751.00	63.60					
				1554.07	1554.07						
				619.10	619.10						
				150.00	150.00						
				6711.00	6711.00						
				1452.00	928.00	124.00	400.00	44688.00		43750.00	938.00
				129.20	79.20	50.00					
				622.20	554.20	68.00					
				1039.60	339.60	700.00		746.00	86.00	660.00	
				13544.69	12331.25	181.44	1032.00				
				382.64	179.63	200.01	3.00	202.00	200.00		2.00
				3455.67	721.10	2734.57		740.00			740.00
2.00	2.00			1214.20	913.60	299.60	1.00				
2105.00	2105.00			5481.19	5290.69	188.00	2.50				
				686.29	686.29						
				304.00	304.00						
50.00	50.00			243.39	33.98	209.41					
				1686.58	1636.10	50.48					
				170.13	23.73	146.40		2799.12		2799.12	
				33.91	17.90	16.01					
				317.13	317.13						
				39824.39	39824.39						
200.00	200.00			100.00	100.00						
				258.76	258.76						
				535.18	535.18						
				116.50	116.50						

航空摄影

Aerial Photography

单位：平方千米

地 区	Region	测绘资质单位获取情况 Mapping							
		合计 Total	数字航空摄影 Digital Aerial Photography				机载LiDAR Airborne LiDAR		
				0.2米以内（含） Better than 0.2 m (Inclusive)	0.2～0.5米（含） 0.2～0.5 m (Inclusive)	0.5米以上 Below 0.5 m		多于1点/平方米 More than 1 point/m^2	1点及以内/平方米 1 point or Less/m^2
总 计	**Total**	**3850300.72**	**2415385.71**	**1770180.54**	**221124.11**	**424081.06**	**824250.11**	**641324.54**	**182925.57**
北 京	Beijing	432597.34	235896.08	226709.04	8375.80	811.24	154993.34	142573.09	12420.25
天 津	Tianjin	70986.03	43121.77	41545.49	1076.28	500.00	26258.26	7732.18	18526.08
河 北	Hebei	143394.37	18766.09	9134.40	3202.59	6429.10	51524.50	51524.50	
山 西	Shanxi	224712.68	116439.13	91484.95	24178.04	776.14	86607.59	86208.84	398.75
内蒙古	Inner Mongolia	91184.33	46347.96	39337.22	1701.87	5308.87	43201.79	3489.79	39712.00
辽 宁	Liaoning	9485.53	4740.57	4272.35	418.22	50.00	426.23	426.23	
吉 林	Jilin	17708.14	12239.77	11920.97	318.80		2611.11	2611.11	
黑龙江	Heilongjiang	35345.88	13966.73	3466.43	10132.00	368.30	20674.58	418.00	20256.58
上 海	Shanghai	40162.78	15455.14	15414.14	38.00	3.00	17011.61	16932.99	78.62
江 苏	Jiangsu	82291.31	39423.74	33152.52	5973.16	298.06	33532.41	33531.41	1.00
浙 江	Zhejiang	187649.84	134367.68	130932.35	667.74	2767.59	5850.27	5850.27	
安 徽	Anhui	23156.83	16618.61	14617.51	1806.09	195.01	3779.20	3347.32	431.88
福 建	Fujian	18971.36	13367.97	9543.14	3010.45	814.38	2935.90	2933.90	2.00
江 西	Jiangxi	16346.10	13406.04	12925.62	403.22	77.20	462.10	441.10	21.00
山 东	Shandong	257526.87	154223.41	152178.84	809.87	1234.70	91963.91	21225.91	70738.00
河 南	Henan	43107.35	30964.31	26071.76	2347.05	2545.50	2372.49	2248.49	124.00
湖 北	Hubei	317080.90	236929.85	147907.28	88434.45	588.12	65910.68	65393.38	517.30
湖 南	Hunan	22912.01	18999.59	10364.52	808.31	7826.76	1627.02	1479.59	147.43
广 东	Guangdong	200134.41	151235.37	140241.89	5642.58	5350.90	34415.80	33809.30	606.50
广 西	Guangxi	183371.72	178681.30	173763.07	4122.40	795.83	1419.67	1364.35	55.32
海 南	Hainan	2855.81	2543.85	2543.85			109.70	109.70	
重 庆	Chongqing	11293.87	9339.65	9051.70	287.95		402.71	380.81	21.90
四 川	Sichuan	121049.34	96755.90	85427.88	9624.75	1703.27	15700.66	14728.42	972.24
贵 州	Guizhou	41320.10	30119.60	27894.22	1712.38	513.00	2790.94	2770.91	20.03
云 南	Yunnan	586603.90	541444.91	150636.24	7014.23	383794.44	41156.62	40372.42	784.20
西 藏	Xizang	1162.16	669.25	636.47	9.08	23.70	35.70	22.70	13.00
陕 西	Shaanxi	483565.03	151626.52	148545.02	2703.00	378.50	67740.08	52396.08	15344.00
甘 肃	Gansu	60656.49	15473.17	14237.94	950.41	284.82	2566.39	2464.90	101.49
青 海	Qinghai	38152.89	35948.62	2916.22	32963.80	68.60	987.68	987.68	
宁 夏	Ningxia	24589.53	21534.83	21415.19	119.00	0.64	1872.10	1872.10	
新 疆	Xinjiang	60925.82	14738.30	11892.32	2272.59	573.39	43309.07	41677.07	1632.00

注：统计范围为县级及县级以上自然资源主管部门、新疆生产建设兵团自然资源局、国家基础地理信息中心和具有航空摄影资质的地理信息局和海南测绘地理信息局组织填报。

Note: The statistical scope includes the natural resources management departments at or above county level, the Natural Resources Bureau of qualifications. Among them, the data of Shaanxi Province, Heilongjiang Province, Sichuan Province, and Hainan Province are filled out by the Shaanxi Surveying, Mapping and Geoinformation, and Hainan Administration of Surveying Mapping and Geoinformation, which are dispatched by the Ministry

获取情况（2023年） 续表

Acquisition（2023） Continued

Unit：km^2

Agency Qualification Acquisition											
机载SAR Airborne SAR				倾斜摄影 Oblique Photogrammetry				其他 Others			
	0.2米以内（含）Better than 0.2 m (Inclusive)	0.2～0.5米（含）0.2～0.5 m (Inclusive)	0.5米以上 Below 0.5 m		0.2米以内（含）Better than 0.2 m (Inclusive)	0.2～0.5米（含）0.2～0.5 m (Inclusive)	0.5米以上 Below 0.5 m		0.2米以内（含）Better than 0.2 m (Inclusive)	0.2～0.5米（含）0.2～0.5 m (Inclusive)	0.5米以上 Below 0.5 m
1696.59	**15120.76**	**858.20**	**12565.97**	**259417.55**	**231851.82**	**17310.26**	**10255.47**	**336126.59**	**32219.23**	**49968.11**	**253939.25**
	2.00	2.00		22004.09	21435.92	349.22	218.95	19701.83	19253.13	147.70	301.00
				1035.70	1035.70			570.30	570.30		
120.00	120.00			72956.39	72450.33	406.06	100.00	27.39	27.39		
20.00	12571.47		12551.47	4346.97	4232.12	99.85	15.00	4747.52	4703.80	36.72	7.00
	6.00	6.00		1608.58	845.71	706.87	56.00	20.00	6.00	2.00	12.00
				4311.26	3929.21	382.05		7.47	4.27	3.20	
				2323.26	1612.26	82.00	629.00	534.00	123.00	411.00	
				704.57	681.57	13.00	10.00				
				7640.53	7620.53	20.00		55.50		55.50	
44.18	44.18			9096.15	8876.70	180.76	38.69	194.83	38.40	46.90	109.53
2.00	20.00	18.00		3280.24	2531.19	587.38	161.67	44131.65	231.30	43900.35	
762.00	762.00			1786.52	1441.90	270.40	74.22	210.50	180.00	27.50	3.00
0.20	0.20			2567.29	810.90	648.39	1108.00	100.00	95.00	5.00	
				2477.92	2070.23	407.09	0.60	0.04			0.04
349.00	371.00	10.00	12.00	10195.95	9440.24	588.79	166.92	772.60	586.60	73.00	113.00
0.20	0.20			6508.49	5894.02	174.97	439.50	3261.86	3238.79	20.00	3.07
24.00	24.00			13799.18	7260.50	4779.30	1759.38	417.19	17.46	222.21	177.52
1.00	3.00	1.00	1.00	2112.50	1738.39	346.27	27.84	169.90	124.70	39.20	6.00
92.08	92.08			12747.35	7427.27	2913.77	2406.31	1643.81	1608.13	14.48	21.20
4.56	4.56			2840.40	2552.83	189.54	98.03	425.79	225.29	100.00	100.50
				190.30	172.57	16.30	1.43	11.96	0.96	11.00	
12.68	12.68			1512.83	1469.03	41.20	2.60	26.00	26.00		
3.00	164.20	161.20		7624.38	5818.38	701.07	1104.93	804.20	599.00	155.20	50.00
0.50	0.50			8085.97	6880.04	262.89	943.04	323.09	114.00		209.09
	1.50		1.50	3777.02	3177.71	351.98	247.33	223.85	5.50	6.05	212.30
				453.21	423.21		30.00	4.00			4.00
54.30	714.30	660.00		6217.72	5095.60	602.49	519.63	257266.41	94.41	4593.00	252579.00
				42339.03	42093.56	162.47	83.00	277.90	198.80	78.10	1.00
206.89	206.89			944.70	676.50	257.80	10.40	65.00	15.00	20.00	30.00
				1182.60	550.66	631.94					
				2746.45	1607.04	1136.41	3.00	132.00	132.00		

测绘资质单位，其中陕西省、黑龙江省、四川省、海南省由自然资源部派出机构陕西测绘地理信息局、黑龙江测绘地理信息局、四川测绘

Xinjiang Production and Construction Corps，National Geomatics Center of China，and surveying and mapping qualified units with aerial photography Bureau of Surveying，Mapping and Geoinformation，Heilongjiang Bureau of Surveying and Mapping Geographic Information，Sichuan Bureau of of Natural Resources.

卫星影像

Satellite Image

单位：平方千米

地区	Region	合计 Total	全色影像 Panchromatic Image					
				0.5米以内（含） Better than 0.5 m (Inclusive)	0.5～1米（含） 0.5～1 m (Inclusive)	1～3米（含） 1～3 m (Inclusive)	3～10米（含） 3～10 m (Inclusive)	10米以上 Below 10 m
总　计	**Total**	**10429098202.68**	**2302926130.29**	**3335031.58**	**351369825.31**	**1947809845.40**	**10002.00**	**401426.00**
北　京	Beijing	203400.00						
天　津	Tianjin	91000.00						
河　北	Hebei	993685.00	496642.00		496642.00			
山　西	Shanxi	224434.00						
内蒙古	Inner Mongolia	1832874.50	536561.50	124000.00	405630.50	3516.00	3415.00	
辽　宁	Liaoning	979000.00						
吉　林	Jilin	10276.00	2275.00	2275.00				
黑龙江	Heilongjiang	13532.00	90.00	90.00				
上　海	Shanghai	64000.00	32000.00	32000.00				
江　苏	Jiangsu	163736.00	41912.00	18605.00	8360.00	8360.00	6587.00	
浙　江	Zhejiang	301197.00	244427.00	122577.00	121850.00			
安　徽	Anhui	339056.10	19370.10	3916.10	15454.00			
福　建	Fujian	133634.55	5829.14		5829.14			
江　西	Jiangxi	129764.00	66969.00	674.00	66295.00			
山　东	Shandong	711805.00	681084.00	652484.00	8595.00	20005.00		
河　南	Henan	1005367.95	2346.00			2346.00		
湖　北	Hubei	450828.73	430699.32	8583.00	416084.32	6032.00		
湖　南	Hunan	2502403.39	512866.70	39340.00	4080.00	68020.70		401426.00
广　东	Guangdong	762167.60	25620.30	5212.30	4816.00	15592.00		
广　西	Guangxi	2780789.65	14542.84	7165.37	3132.77	4244.70		
海　南	Hainan	38500.00	36000.00	36000.00				
重　庆	Chongqing	304127.00	1578.00	1578.00				
四　川	Sichuan	87798.28	45402.14	17020.56	28251.58	130.00		
贵　州	Guizhou	1105473.22						
云　南	Yunnan	1406757.00	1512.00	1512.00				
西　藏	Xizang	0.25	0.25	0.25				
陕　西	Shaanxi	21097.00	5255.00	300.00	4955.00			
甘　肃	Gansu	608000.00	304000.00	304000.00				
青　海	Qinghai	60800.00	800.00	800.00				
宁　夏	Ningxia	150300.00						
新　疆	Xinjiang	172796.46	61309.00	61309.00				
自然资源部国土卫星遥感应用中心	Land Satellite Remote Sensing Application Center, MNR	10411449602.00	2299357039.00	1895590.00	349779850.00	1947681599.00		

注：统计范围为县级及县级以上自然资源主管部门、新疆生产建设兵团自然资源局、自然资源部国土卫星遥感应用中心，其中陕西理信息局组织填报。

Note: The statistics scope includes the natural resources management departments at or above county level, the Natural Resources Bureau Among them, the data of Shaanxi Province, Heilongjiang Province, Sichuan Province, and Hainan Province are filled out by the Shaanxi Bureau of Mapping and Geoinformation, and Hainan Administration of Surveying Mapping and Geoinformation, which are dispatched by the Ministry of Natural

获取面积（2023年）
Acquisition Area（2023）

Unit：km²

	多光谱影像 Multispectral Image				
	0.5米以内（含） Better than 0.5 m (Inclusive)	0.5～1米（含） 0.5～1 m (Inclusive)	1～3米（含） 1～3 m (Inclusive)	3～10米（含） 3～10 m (Inclusive)	10米以上 Below 10 m
5995177844.13	**2790757.48**	**5292334.50**	**48917650.10**	**2252659482.05**	**3685517620.00**
203400.00	105000.00	98400.00			
91000.00	13000.00	78000.00			
497043.00		397.00	496646.00		
223365.00	60000.00	52926.00	110439.00		
1187013.00		162.00	3851.00	1183000.00	
979000.00	296000.00	683000.00			
8001.00	8001.00				
13442.00	3650.00	681.00	9111.00		
32000.00	32000.00				
121824.00	108650.00	6587.00		6587.00	
56770.00	56770.00				
319686.00	154787.00	144285.00	5160.00	15454.00	
125605.41	88986.00	36376.00	243.41		
47195.00		47195.00			
30721.00	2979.00	5821.00	5821.00	16100.00	
1003021.95		1003021.95			
19056.53		5904.53	8569.00	4583.00	
1454074.50	241421.00	709735.00	39041.00	66257.50	397620.00
376923.00	191684.00	183716.00		1523.00	
2762246.81	639757.39	426489.58	1695999.84		
264976.00	85000.00	82400.00	97576.00		
42396.14			19616.59	22779.55	
541429.43	259657.09	281772.34			
1405245.00	29315.00	1375930.00			
15842.00	12000.00	3342.00	500.00		
304000.00	304000.00				
60000.00	40000.00	20000.00			
150300.00	58100.00	45500.00	46700.00		
95480.36		693.10	94787.26		
5982746787.00			46283589.00	2251343198.00	3685120000.00

省、黑龙江省、四川省、海南省由自然资源部派出机构陕西测绘地理信息局、黑龙江测绘地理信息局、四川测绘地理信息局和海南测绘地

of Xinjiang Production and Construction Corps, and the Land Satellite Remote Sensing Application Center of the Ministry of Natural Resources. Surveying, Mapping and Geoinformation, Heilongjiang Bureau of Surveying and Mapping Geographic Information, Sichuan Bureau of Surveying, Resources.

卫星影像
Satellite Image

单位：平方千米

地 区	Region	高光谱影像 Hyperspectral Image（HSI）						
			0.5米以内（含）Better than 0.5 m (Inclusive)	0.5～1米（含）0.5～1 m (Inclusive)	1～3米（含）1～3 m (Inclusive)	3～10米（含）3～10 m (Inclusive)	10米以上 Below 10 m	
总 计	**Total**	**571224252.98**		**7.10**		**340800.00**	**570883445.88**	**472551368.09**
北 京	Beijing							
天 津	Tianjin							
河 北	Hebei							
山 西	Shanxi							
内蒙古	Inner Mongolia							109300.00
辽 宁	Liaoning							
吉 林	Jilin							
黑龙江	Heilongjiang							
上 海	Shanghai							
江 苏	Jiangsu							
浙 江	Zhejiang							
安 徽	Anhui							
福 建	Fujian							
江 西	Jiangxi							15600.00
山 东	Shandong							
河 南	Henan							
湖 北	Hubei	1072.88					1072.88	
湖 南	Hunan	340800.00				340800.00		176800.00
广 东	Guangdong							359624.30
广 西	Guangxi							
海 南	Hainan							
重 庆	Chongqing	37573.00					37573.00	
四 川	Sichuan							
贵 州	Guizhou							564043.79
云 南	Yunnan							
西 藏	Xizang							
陕 西	Shaanxi							
甘 肃	Gansu							
青 海	Qinghai							
宁 夏	Ningxia							
新 疆	Xinjiang	7.10		7.10				16000.00
自然资源部国土卫星遥感应用中心	Land Satellite Remote Sensing Application Center, MNR	570844800.00					570844800.00	471310000.00

获取面积（2023年） 续表

Acquisition Area（2023） Continued

Unit：km²

雷达影像 Radar Image						其他 Other Images				
0.5米以内（含）Better than 0.5 m (Inclusive)	0.5～1米（含）0.5～1 m (Inclusive)	1～3米（含）1～3 m (Inclusive)	3～10米（含）3～10 m (Inclusive)	10米以上 Below 10 m		0.5米以内（含）Within 0.5 m (Inclusive)	0.5～1米（含）0.5～1 m (Inclusive)	1～3米（含）1～3 m (Inclusive)	3～10米（含）3～10 m (Inclusive)	10米以上 Below 10 m
24.30		**472410443.79**	**140900.00**		**1087218607.19**	**10362.19**	**6200.00**			**1087202045.00**
					1069.00					1069.00
			109300.00							
					2200.00		2200.00			
			15600.00							
		176800.00			17862.19	7862.19				10000.00
24.30		359600.00								
					4000.00		4000.00			
					2500.00	2500.00				
		564043.79								
			16000.00							
		471310000.00			1087190976.00					1087190976.00

地形图

Provision of

单位：张

单 位	Department	合计 Total
总 计	**Total**	**226563**
北京市规划和自然资源委员会	Beijing Municipal Commission of Planning and Natural Resources	1427
天津市规划和自然资源局	Tianjin Municipal Bureau of Planning and Natural Resources	
河北省自然资源厅（海洋局）	Department of Natural Resources of Hebei Province(Ocean Bureau)	1362
山西省自然资源厅	Department of Natural Resources of Shanxi Province	18952
内蒙古自治区自然资源厅	Department of Natural Resources of Inner Mongolia Autonomous Region	
辽宁省自然资源厅	Department of Natural Resources of Liaoning Province	
吉林省自然资源厅	Department of Natural Resources of Jilin Province	113
黑龙江测绘地理信息局	Heilongjiang Bureau of Surveying and Mapping Geographic Information	773
上海市规划和自然资源局	Shanghai Municipal Bureau of Planning and Natural Resources	166190
江苏省自然资源厅	Department of Natural Resources of Jiangsu Province	70
浙江省自然资源厅	Department of Natural Resources of Zhejiang Province	67
安徽省自然资源厅	Department of Natural Resources of Anhui Province	57
福建省自然资源厅	Department of Natural Resources of Fujian Province	9
江西省自然资源厅	Department of Natural Resources of Jiangxi Province	159
山东省自然资源厅（山东省林业局）	Department of Natural Resources of Shandong Province(Forestry Bureau of Shandong Province)	25
河南省自然资源厅	Department of Natural Resources of Henan Province	53
湖北省自然资源厅	Department of Natural Resources of Hubei Province	
湖南省自然资源厅	Department of Natural Resources of Hunan Province	1
广东省自然资源厅	Department of Natural Resources of Guangdong Province	427
广西壮族自治区自然资源厅	Department of Natural Resources of Guangxi Zhuang Autonomous Region	2
海南测绘地理信息局	Hainan Administration of Surveying Mapping and Geoinformation	
重庆市规划和自然资源局	Chongqing Municipal Bureau of Planning and Natural Resources	124
四川测绘地理信息局	Sichuan Bureau of Surveying, Mapping and Geoinformation	
贵州省自然资源厅	Department of Natural Resources of Guizhou Province	
云南省自然资源厅	Department of Natural Resources of Yunnan Province	1720
西藏自治区自然资源厅	Department of Natural Resources of Xizang Autonomous Region	16619
陕西测绘地理信息局	Shaanxi Bureau of Surveying, Mapping and Geoinformation	
甘肃省自然资源厅	Department of Natural Resources of Gansu Province	8612
青海省自然资源厅	Department of Natural Resources of Qinghai Province	189
宁夏回族自治区自然资源厅	Department of Natural Resources of Ningxia Hui Autonomous Region	152
新疆维吾尔自治区自然资源厅	Department of Natural Resources of Xinjiang Uygur Autonomous Region	7555
新疆生产建设兵团自然资源局	Natural Resources Bureau of Xinjiang Production and Construction Corps	214
国家基础地理信息中心	National Geomatics Center of China	1691

提供情况（2023年）

Topographic Maps（2023）

Unit：sheet

1：10000	1：50000	其他 Others
51287	**7563**	**167713**
10		1417
1200	162	
18605	347	
	113	
651	122	
		166190
66	4	
	67	
	57	
	9	
151	8	
	25	
	53	
	1	
409	18	
	2	
99	25	
1510	210	
13510	3109	
7585	995	32
	189	
90	62	
7256	295	4
145	69	
	1621	70

数字成果

Provision of

单 位	Department	合计 Total							
		图幅/幅 Number of Sheet/sheet				数据量/GB Data Volume/GB			
			1：10000	1：50000	其他 Others		1：10000	1：50000	其他 Others
总 计	**Total**	**3377126**	**1208614**	**211672**	**1956840**	**946624.47**	**122578.84**	**620123.43**	**203922.20**
北京市规划和自然资源委员会	Beijing Municipal Commission of Planning and Natural Resources	23536	80		23456	1208.12	0.20		1207.91
天津市规划和自然资源局	Tianjin Municipal Bureau of Planning and Natural Resources	48379	7		48372	37.21	0.38		36.83
河北省自然资源厅（海洋局）	Department of Natural Resources of Hebei Province(Ocean Bureau)	37017	36880	137		7982.68	7980.43	2.26	
山西省自然资源厅	Department of Natural Resources of Shanxi Province	18952	18605	347		782.69	775.54	7.15	
内蒙古自治区自然资源厅	Department of Natural Resources of Inner Mongolia Autonomous Region	222211	209227	11746	1238	1237.00	968.34	23.70	244.96
辽宁省自然资源厅	Department of Natural Resources of Liaoning Province	66572	66296	239	37	2880.14	2878.97	0.85	0.32
吉林省自然资源厅	Department of Natural Resources of Jilin Province	6773	5913	844	16	2802.28	67.98	2733.67	0.64
黑龙江测绘地理信息局	Heilongjiang Bureau of Surveying and Mapping Geographic Information	67258	56621	10633	4	635.15	609.39	25.38	0.37
上海市规划和自然资源局	Shanghai Municipal Bureau of Planning and Natural Resources	51785	143		51642	2569.92	0.72		2569.20
江苏省自然资源厅	Department of Natural Resources of Jiangsu Province	334201	38054	49	296098	32410.71	13766.26	16.29	18628.16
浙江省自然资源厅	Department of Natural Resources of Zhejiang Province	597845	9090	2224	586531	49348.37	1028.99	12211.51	36107.87
安徽省自然资源厅	Department of Natural Resources of Anhui Province	241614	231088	32	10494	42193.91	41278.84	2.70	912.37
福建省自然资源厅	Department of Natural Resources of Fujian Province	21820	21668	152		1399.58	1395.43	4.16	
江西省自然资源厅	Department of Natural Resources of Jiangxi Province	4433	3313	1099	21	47.92	37.00	9.61	1.31
山东省自然资源厅（山东省林业局）	Department of Natural Resources of Shandong Province（Provincial Forestry Bureau）	56060	55809	211	40	14760.90	14518.09	7.65	235.17
河南省自然资源厅	Department of Natural Resources of Henan Province	216486	21841	101	194544	17147.96	359.13	0.52	16788.31
湖北省自然资源厅	Department of Natural Resources of Hubei Province	184	150	34		1.75	1.55	0.19	
湖南省自然资源厅	Department of Natural Resources of Hunan Province	224721	82985	1288	140448	27033.47	16596.55	25.56	10411.37
广东省自然资源厅	Department of Natural Resources of Guangdong Province	138636	46160	259	92217	29645.49	5848.51	2.50	23794.48
广西壮族自治区自然资源厅	Department of Natural Resources of Guangxi Zhuang Autonomous Region	438797	55958	648	382191	81538.69	1839.95	13.55	79685.19
海南测绘地理信息局	Hainan Administration of Surveying Mapping and Geoinformation	12975	12344	493	138	818.93	506.59	20.60	291.74
重庆市规划和自然资源局	Chongqing Municipal Bureau of Planning and Natural Resources	26865	611	2	26252	94.45	2.23	0.01	92.20
四川测绘地理信息局	Sichuan Bureau of Surveying, Mapping and Geoinformation	10801	10524	277		572.47	566.95	5.52	
贵州省自然资源厅	Department of Natural Resources of Guizhou Province	9797	9421	376		397.27	393.92	3.35	
云南省自然资源厅	Department of Natural Resources of Yunnan Province	18671	16778	364	1529	466.24	437.72	5.17	23.35
西藏自治区自然资源厅	Department of Natural Resources of Xizang Autonomous Region	25989	24010	1979		4844.13	4791.33	52.80	
陕西测绘地理信息局	Shaanxi Bureau of Surveying, Mapping and Geoinformation	52469	52115	354		822.68	813.56	9.12	
甘肃省自然资源厅	Department of Natural Resources of Gansu Province	66653	65280	1077	296	3828.19	3795.45	30.58	2.16
青海省自然资源厅	Department of Natural Resources of Qinghai Province	24681	16577	4923	3181	2560.29	184.30	42.47	2333.52
宁夏回族自治区自然资源厅	Department of Natural Resources of Ningxia Hui Autonomous Region	101826	10299		91527	10605.35	265.85		10339.49
新疆维吾尔自治区自然资源厅	Department of Natural Resources of Xinjiang Uygur Autonomous Region	35065	30622	4439	4	988.40	867.09	115.75	5.55
新疆生产建设兵团自然资源局	Natural Resources Bureau of Xinjiang Production and Construction Corps	214	145	69		2.45	1.60	0.84	
国家基础地理信息中心	National Geomatics Center of China	173840		167276	6564	604959.69		604749.97	209.72

提供情况（2023年）

Digital Achievement（2023）

数字线划地图 Digital Line Graphic（DLG）								数字高程模型 Digital Elevation Model（DEM）							
图幅/幅 Number of Sheet/sheet				数据量/GB Data Volume/GB				图幅/幅 Number of Sheet/sheet				数据量/GB Data Volume/GB			
	1∶10000	1∶50000	其他 Others		1∶10000	1∶50000	其他 Others		1∶10000	1∶50000	其他 Others		1∶10000	1∶50000	其他 Others
736714	**378878**	**72086**	**285750**	**6541.07**	**5532.01**	**287.34**	**721.72**	**619560**	**393765**	**72530**	**153265**	**11325.00**	**9106.24**	**1230.02**	**989.00**
1847	72		1775	1.20	0.14		1.06								
32211	7		32204	25.11	0.38		24.73	16168			16168	12.10			12.00
1684	1573	111		145.47	143.73	1.74		9157	9131	26		71.67	71.15	0.52	
4793	4495	298		401.92	394.94	6.98		13091	13042	49		58.90	58.73	0.17	
109786	98294	10254	1238	715.19	454.70	15.53	244.96	105620	104141	1479		310.91	306.46	4.45	
12266	12095	167	4	196.77	196.09	0.63	0.05	30026	29921	72	33	156.11	155.62	0.22	
4429	4128	285	16	29.00	24.19	4.17	0.64	1749	1749			33.59	33.59		
19503	9442	10061		68.02	53.04	14.98		46860	46294	566		303.61	293.25	10.36	
40780	143		40637	55.10	0.72		54.39								
1347	1347			45.75	45.75			8503	8503			4687.67	4687.67		
77172	7752	98	69322	130.46	36.13	0.35	93.98	103003	641	52	102310	319.27	9.87	0.22	309.00
15056	14731	24	301	100.81	100.51	0.19	0.10	10162	10162			595.61	595.61		
12770	12643	127		186.26	183.83	2.43		5958	5936	22		33.86	33.45	0.41	
4382	3262	1099	21	47.48	36.55	9.61	1.31	38	38			0.36	0.36		
15859	15736	123		70.36	70.02	0.34		21540	21458	82		560.37	560.12	0.24	
15388	15259	101	28	169.35	168.45	0.52	0.38	39432	6564		32868	234.85	185.00		50.00
184	150	34		1.75	1.55	0.19									
52275	21541	693	30041	303.36	224.66	9.74	68.96	1626	1065	561		42.43	31.50	10.93	
21970	21473	254	243	247.29	244.11	2.38	0.80	9137	9132	5		227.74	227.62	0.12	
39622	39035	587		737.54	724.44	13.10		15476	15415	61		733.79	733.34	0.45	
6644	6331	266	47	29.36	26.89	1.07	1.40	4217	4113	104		160.88	156.25	4.63	
25915	611	2	25302	92.49	2.23	0.01	90.25	475			475	0.94			1.00
7196	7168	28		521.17	520.69	0.47		2260	2260			14.22	14.22		
4427	4133	294		245.73	243.94	1.79		2983	2920	63		15.98	14.52	1.46	
16500	14619	364	1517	370.09	341.86	5.17	23.05	966	954		12	11.72	11.42		
11752	9987	1765		366.10	342.11	24.00		3156	2950	206		115.88	87.50	28.38	
19755	19429	326		285.75	276.71	9.04		25956	25928	28		216.29	216.21	0.08	
12804	11674	935	195	433.74	421.81	10.96	0.97	44344	44172	71	101	519.17	517.64	0.35	1.00
5945	3094	2675	176	92.16	67.45	20.45	4.26	15131	12951	2180		49.96	41.56	8.41	
84914	2866		82048	147.78	57.80		89.98	5829	4620		1209	632.12	18.53		614.00
16960	15643	1313	4	150.87	124.98	20.34	5.55	12722	9705	3017		102.04	45.02	57.02	
214	145	69		2.45	1.60	0.84									
40364		39733	631	125.19		110.31	14.88	63975		63886	89	1102.95		1101.62	1.00

数字成果

Provision of Digital

单位	Department	数字栅格地图 Digital Raster Graphic（DRG）							
		图幅/幅 Number of Sheet/sheet				数据量/GB Data Volume/GB			
			1：10000	1：50000	其他 Others		1：10000	1：50000	其他 Others
总计	**Total**	**14476**	**14018**	**397**	**61**	**6390.32**	**6367.84**	**21.28**	**1.20**
北京市规划和自然资源委员会	Beijing Municipal Commission of Planning and Natural Resources								
天津市规划和自然资源局	Tianjin Municipal Bureau of Planning and Natural Resources								
河北省自然资源厅（海洋局）	Department of Natural Resources of Hebei Province(Ocean Bureau)								
山西省自然资源厅	Department of Natural Resources of Shanxi Province								
内蒙古自治区自然资源厅	Department of Natural Resources of Inner Mongolia Autonomous Region								
辽宁省自然资源厅	Department of Natural Resources of Liaoning Province								
吉林省自然资源厅	Department of Natural Resources of Jilin Province								
黑龙江测绘地理信息局	Heilongjiang Bureau of Surveying and Mapping Geographic Information	6		6		0.04		0.04	
上海市规划和自然资源局	Shanghai Municipal Bureau of Planning and Natural Resources								
江苏省自然资源厅	Department of Natural Resources of Jiangsu Province	15	12	3		8.65	8.53	0.12	
浙江省自然资源厅	Department of Natural Resources of Zhejiang Province								
安徽省自然资源厅	Department of Natural Resources of Anhui Province	15	7	8		2.60	0.09	2.51	
福建省自然资源厅	Department of Natural Resources of Fujian Province								
江西省自然资源厅	Department of Natural Resources of Jiangxi Province	13	13			0.09	0.09		
山东省自然资源厅（山东省林业局）	Department of Natural Resources of Shandong Province（Provincial Forestry Bureau）								
河南省自然资源厅	Department of Natural Resources of Henan Province								
湖北省自然资源厅	Department of Natural Resources of Hubei Province								
湖南省自然资源厅	Department of Natural Resources of Hunan Province	7979	7955	24		5507.95	5507.49	0.46	
广东省自然资源厅	Department of Natural Resources of Guangdong Province	1681	1663		18	579.72	579.70		0.02
广西壮族自治区自然资源厅	Department of Natural Resources of Guangxi Zhuang Autonomous Region								
海南测绘地理信息局	Hainan Administration of Surveying Mapping and Geoinformation	1063	915	105	43	170.37	156.11	13.08	1.18
重庆市规划和自然资源局	Chongqing Municipal Bureau of Planning and Natural Resources								
四川测绘地理信息局	Sichuan Bureau of Surveying, Mapping and Geoinformation	1299	1050	249		32.39	27.34	5.05	
贵州省自然资源厅	Department of Natural Resources of Guizhou Province	2052	2052			82.78	82.78		
云南省自然资源厅	Department of Natural Resources of Yunnan Province								
西藏自治区自然资源厅	Department of Natural Resources of Xizang Autonomous Region								
陕西测绘地理信息局	Shaanxi Bureau of Surveying, Mapping and Geoinformation								
甘肃省自然资源厅	Department of Natural Resources of Gansu Province								
青海省自然资源厅	Department of Natural Resources of Qinghai Province	12	10	2		0.34	0.33	0.01	
宁夏回族自治区自然资源厅	Department of Natural Resources of Ningxia Hui Autonomous Region	341	341			5.39	5.39		
新疆维吾尔自治区自然资源厅	Department of Natural Resources of Xinjiang Uygur Autonomous Region								
新疆生产建设兵团自然资源局	Natural Resources Bureau of Xinjiang Production and Construction Corps								
国家基础地理信息中心	National Geomatics Center of China								

提供情况（2023年） 续表
Achievement（2023） Continued

数字正射影像 Digital Orthophoto Map（DOM）								其他地理信息数据 Other Geographic Information Data							
图幅/幅 Number of Sheet/sheet				数据量/GB Data Volume/GB				图幅/幅 Number of Sheet/sheet				数据量/GB Data Volume/GB			
	1 : 10000	1 : 50000	其他 Others		1 : 10000	1 : 50000	其他 Others		1 : 10000	1 : 50000	其他 Others		1 : 10000	1 : 50000	其他 Others
1595437	**409871**	**66659**	**1118907**	**872551.09**	**95394.23**	**618584.80**	**158572.06**	**410939**	**12082**		**398857**	**49816.99**	**6178.52**		**43638.47**
21689	8		21681	1206.92	0.06		1206.85								
26149	26149			7755.72	7755.72			27	27			9.83	9.83		
1068	1068			321.86	321.86										
6805	6792	13		210.90	207.17	3.72									
24280	24280			2527.26	2527.26										
595	36	559		2739.69	10.20	2729.49									
889	885		4	263.47	263.10		0.37								
11005			11005	2514.81			2514.81								
324336	28192	46	296098	27668.63	9024.31	16.17	18628.16								
417670	697	2074	414899	48898.64	983.00	12210.94	35704.70								
204775	194582		10193	35326.54	34414.27		912.27	11606	11606			6168.35	6168.35		
3092	3089	3		1179.46	1178.14	1.32									
18620	18614	6		13895.00	13887.94	7.06		41	1		40	235.18	0.01		235.17
161666	18		161648	16743.76	5.68		16738.08								
154885	52424	10	102451	21016.62	10832.90	4.43	10179.29	7956			7956	163.12			163.12
101107	13892		87215	14253.38	4797.09		9456.29	4741			4741	14337.37			14337.37
5805	1060		4745	53884.34	381.84		53502.50	377894	448		377446	26183.02	0.33		26182.70
1003	985	18		169.16	167.34	1.82		48			48	289.16			289.16
475			475	1.01			1.01								
46	46			4.70	4.70										
335	316	19		52.78	52.68	0.10									
1205	1205			84.43	84.43										
11081	11073	8		4362.15	4361.72	0.43									
6758	6758			320.63	320.63										
9505	9434	71		2875.27	2856.00	19.28									
588	522	66		88.57	74.97	13.60		3005			3005	2329.26			2329.26
10742	2472		8270	9820.06	184.13		9635.93								
5383	5274	109		735.49	697.09	38.40									
63880		63657	223	603629.85		603538.05	91.80	5621			5621	101.70			101.70

测绘基准成果

Provision of Surveying and

单位：点

单　位	Department	合计 Total	GPS点
总　计	**Total**	**237474**	**51543**
北京市规划和自然资源委员会	Beijing Municipal Commission of Planning and Natural Resources	4801	354
天津市规划和自然资源局	Tianjin Municipal Bureau of Planning and Natural Resources	85	43
河北省自然资源厅（海洋局）	Department of Natural Resources of Hebei Province (Ocean Bureau)	1112	429
山西省自然资源厅	Department of Natural Resources of Shanxi Province	1016	320
内蒙古自治区自然资源厅	Department of Natural Resources of Inner Mongolia Autonomous Region	18298	5075
辽宁省自然资源厅	Department of Natural Resources of Liaoning Province	2858	721
吉林省自然资源厅	Department of Natural Resources of Jilin Province	1427	395
黑龙江测绘地理信息局	Heilongjiang Bureau of Surveying and Mapping Geographic Information	4692	292
上海市规划和自然资源局	Shanghai Municipal Bureau of Planning and Natural Resources	30760	1321
江苏省自然资源厅	Department of Natural Resources of Jiangsu Province	5231	263
浙江省自然资源厅	Department of Natural Resources of Zhejiang Province	1377	323
安徽省自然资源厅	Department of Natural Resources of Anhui Province	3071	1999
福建省自然资源厅	Department of Natural Resources of Fujian Province	1325	608
江西省自然资源厅	Department of Natural Resources of Jiangxi Province	695	281
山东省自然资源厅（山东省林业局）	Department of Natural Resources of Shandong Province(Forestry Bureau of Shandong Province)	2084	1297
河南省自然资源厅	Department of Natural Resources of Henan Province	7451	506
湖北省自然资源厅	Department of Natural Resources of Hubei Province	285	196
湖南省自然资源厅	Department of Natural Resources of Hunan Province	3447	898
广东省自然资源厅	Department of Natural Resources of Guangdong Province	3509	449
广西壮族自治区自然资源厅	Department of Natural Resources of Guangxi Zhuang Autonomous Region	19064	17798
海南测绘地理信息局	Hainan Administration of Surveying Mapping and Geoinformation	504	157
重庆市规划和自然资源局	Chongqing Municipal Bureau of Planning and Natural Resources	404	109
四川测绘地理信息局	Sichuan Bureau of Surveying, Mapping and Geoinformation	1239	448
贵州省自然资源厅	Department of Natural Resources of Guizhou Province	9744	4286
云南省自然资源厅	Department of Natural Resources of Yunnan Province	9778	4954
西藏自治区自然资源厅	Department of Natural Resources of Xizang Autonomous Region	1235	657
陕西测绘地理信息局	Shaanxi Bureau of Surveying, Mapping and Geoinformation	11851	1450
甘肃省自然资源厅	Department of Natural Resources of Gansu Province	31969	683
青海省自然资源厅	Department of Natural Resources of Qinghai Province	12090	571
宁夏回族自治区自然资源厅	Department of Natural Resources of Ningxia Hui Autonomous Region	19865	145
新疆维吾尔自治区自然资源厅	Department of Natural Resources of Xinjiang Uygur Autonomous Region	4079	1335
新疆生产建设兵团自然资源局	Natural Resources Bureau of Xinjiang Production and Construction Corps	18	
国家基础地理信息中心	National Geomatics Center of China	22110	3180

提供情况（2023年）
Mapping Data Achievement（2023）

Unit：spot

Global Position System Station 卫星定位连续运行基准站 Satellite Positioning Continuous Operation Reference Station	三角点 Triangular Point	导线点 Traverse Point	水准点 Bench Mark	高程异常点 Elevation Anomaly	其他 Others
18213	**59469**	**4042**	**115117**	**1009**	**6294**
354		4042	405		
10			42		
	41		642		
			696		
	7629		5594		
	124		2013		
	401		631		
	1500		2900		
			29439		
	578		4384		6
	23		1031		
1223			1072		
			717		
	52		362		
			787		
249	1601		473		4871
114			89		
144			2549		
			3060		
15715			1266		
1			347		
9	64		231		
			791		
	4736		722		
236	112		4712		
44	105		473		
			10401		
	24093		7193		
114	8635		2869		15
	8921		10785		14
	854		1890		
			18		
			16533	1009	1388

航空摄影
Provision of Aerial

单位	Department	底片 Negative Film	
		片 sheet	平方千米 km^2
总计	**Total**		
北京市规划和自然资源委员会	Beijing Municipal Commission of Planning and Natural Resources		
天津市规划和自然资源局	Tianjin Municipal Bureau of Planning and Natural Resources		
河北省自然资源厅（海洋局）	Department of Natural Resources of Hebei Province (Ocean Bureau)		
山西省自然资源厅	Department of Natural Resources of Shanxi Province		
内蒙古自治区自然资源厅	Department of Natural Resources of Inner Mongolia Autonomous Region		
辽宁省自然资源厅	Department of Natural Resources of Liaoning Province		
吉林省自然资源厅	Department of Natural Resources of Jilin Province		
黑龙江测绘地理信息局	Heilongjiang Bureau of Surveying and Mapping Geographic Information		
上海市规划和自然资源局	Shanghai Municipal Bureau of Planning and Natural Resources		
江苏省自然资源厅	Department of Natural Resources of Jiangsu Province		
浙江省自然资源厅	Department of Natural Resources of Zhejiang Province		
安徽省自然资源厅	Department of Natural Resources of Anhui Province		
福建省自然资源厅	Department of Natural Resources of Fujian Province		
江西省自然资源厅	Department of Natural Resources of Jiangxi Province		
山东省自然资源厅（山东省林业局）	Department of Natural Resources of Shandong Province(Forestry Bureau of Shandong Province)		
河南省自然资源厅	Department of Natural Resources of Henan Province		
湖北省自然资源厅	Department of Natural Resources of Hubei Province		
湖南省自然资源厅	Department of Natural Resources of Hunan Province		
广东省自然资源厅	Department of Natural Resources of Guangdong Province		
广西壮族自治区自然资源厅	Department of Natural Resources of Guangxi Zhuang Autonomous Region		
海南测绘地理信息局	Hainan Administration of Surveying Mapping and Geoinformation		
重庆市规划和自然资源局	Chongqing Municipal Bureau of Planning and Natural Resources		
四川测绘地理信息局	Sichuan Bureau of Surveying, Mapping and Geoinformation		
贵州省自然资源厅	Department of Natural Resources of Guizhou Province		
云南省自然资源厅	Department of Natural Resources of Yunnan Province		
西藏自治区自然资源厅	Department of Natural Resources of Xizang Autonomous Region		
陕西测绘地理信息局	Shaanxi Bureau of Surveying, Mapping and Geoinformation		
甘肃省自然资源厅	Department of Natural Resources of Gansu Province		
青海省自然资源厅	Department of Natural Resources of Qinghai Province		
宁夏回族自治区自然资源厅	Department of Natural Resources of Ningxia Hui Autonomous Region		
新疆维吾尔自治区自然资源厅	Department of Natural Resources of Xinjiang Uygur Autonomous Region		
新疆生产建设兵团自然资源局	Natural Resources Bureau of Xinjiang Production and Construction Corps		
国家基础地理信息中心	National Geomatics Center of China		

成果提供情况（2023年）

Photography Achievement（2023）

像片 Photograph		拷贝片 Copy Film		航摄数据 Aerial Photography Data	
片 sheet	平方千米 km^2	片 sheet	平方千米 km^2	GB	平方千米 km^2
311538	**333.00**	**30105**	**67566.00**	**572196.16**	**376269.00**
				247944.24	73200.00
				34606.47	68651.00
		30105	67566.00		
				22886.40	152.00
311538	333.00			75055.56	86680.00
				18750.00	10800.00
				14141.44	65.00
				158812.05	136721.00

卫星影像

Provision of

单 位	Department	合计 Total	
		GB	平方千米 km^2
总 计	**Total**	**5243122.90**	**12902664368.00**
北京市规划和自然资源委员会	Beijing Municipal Commission of Planning and Natural Resources		
天津市规划和自然资源局	Tianjin Municipal Bureau of Planning and Natural Resources	11425.09	488902.00
河北省自然资源厅（海洋局）	Department of Natural Resources of Hebei Province (Ocean Bureau)		
山西省自然资源厅	Department of Natural Resources of Shanxi Province	29214.12	4860679.00
内蒙古自治区自然资源厅	Department of Natural Resources of Inner Mongolia Autonomous Region	20138.04	2719074.00
辽宁省自然资源厅	Department of Natural Resources of Liaoning Province	201690.31	13522385.00
吉林省自然资源厅	Department of Natural Resources of Jilin Province		
黑龙江测绘地理信息局	Heilongjiang Bureau of Surveying and Mapping Geographic Information	161773.20	297731579.00
上海市规划和自然资源局	Shanghai Municipal Bureau of Planning and Natural Resources		
江苏省自然资源厅	Department of Natural Resources of Jiangsu Province	76.00	4740.00
浙江省自然资源厅	Department of Natural Resources of Zhejiang Province	59993.34	2577335.00
安徽省自然资源厅	Department of Natural Resources of Anhui Province	32202.37	23071466.00
福建省自然资源厅	Department of Natural Resources of Fujian Province	27969.28	1946273.00
江西省自然资源厅	Department of Natural Resources of Jiangxi Province	29233.60	32344053.00
山东省自然资源厅（山东省林业局）	Department of Natural Resources of Shandong Province(Forestry Bureau of Shandong Province)	14999.66	1317589.00
河南省自然资源厅	Department of Natural Resources of Henan Province	205615.52	11334313.00
湖北省自然资源厅	Department of Natural Resources of Hubei Province	4.84	185900.00
湖南省自然资源厅	Department of Natural Resources of Hunan Province	7634.61	311515.00
广东省自然资源厅	Department of Natural Resources of Guangdong Province		
广西壮族自治区自然资源厅	Department of Natural Resources of Guangxi Zhuang Autonomous Region	201143.97	12905538.00
海南测绘地理信息局	Hainan Administration of Surveying Mapping and Geoinformation	45161.97	1765822.00
重庆市规划和自然资源局	Chongqing Municipal Bureau of Planning and Natural Resources	51580.75	4179294.00
四川测绘地理信息局	Sichuan Bureau of Surveying, Mapping and Geoinformation		
贵州省自然资源厅	Department of Natural Resources of Guizhou Province	203394.35	8324856.00
云南省自然资源厅	Department of Natural Resources of Yunnan Province		
西藏自治区自然资源厅	Department of Natural Resources of Xizang Autonomous Region	12558.80	432020.00
陕西测绘地理信息局	Shaanxi Bureau of Surveying, Mapping and Geoinformation	63488.00	3177100.00
甘肃省自然资源厅	Department of Natural Resources of Gansu Province	71956.98	32763970.00
青海省自然资源厅	Department of Natural Resources of Qinghai Province	9424.88	3750558.00
宁夏回族自治区自然资源厅	Department of Natural Resources of Ningxia Hui Autonomous Region	1290.17	2733192.00
新疆维吾尔自治区自然资源厅	Department of Natural Resources of Xinjiang Uygur Autonomous Region	60189.76	8696958.00
新疆生产建设兵团自然资源局	Natural Resources Bureau of Xinjiang Production and Construction Corps		
国家基础地理信息中心	National Geomatics Center of China	3720963.29	12431519257.00

提供情况（2023年）
Satellite Images（2023）

1米(含)以内 Better than 1 m (Inclusive)		1~2.5米(含) 1 ~ 2.5 m (Inclusive)		2.5~10米(含) 2.5 ~ 10 m (Inclusive)		10米以上 Below 10 m	
GB	平方千米 km^2	GB	平方千米 km^2	GB	平方千米 km^2	GB	平方千米 km^2
1830737.05	**458494426.00**	**2388060.72**	**4807177110.00**	**679981.94**	**964440887.00**	**344343.19**	**6672551946.00**
2226.15	217860.00	9198.94	271042.00				
14224.08	869906.00	14990.04	3990773.00				
25.50	361160.00	20112.53	2357914.00				
197909.35	8299185.00	3780.96	5223200.00				
78396.76	1494677.00	65912.06	8156102.00	213.82	99991.00	17250.56	287980809.00
76.00	4740.00						
45218.05	1569282.00	14775.29	1008053.00				
24257.93	8467295.00	6750.54	10173916.00	1193.90	4430255.00		
26674.21	1158971.00	1294.23	783919.00			0.84	3384.00
21695.98	3551664.00	7223.62	23990226.00	314.00	4802163.00		
5984.44	344081.00	9015.22	973508.00				
125574.52	7208040.00	80041.00	4126273.00				
						4.84	185900.00
650.01	124150.00	6984.60	187365.00				
164648.22	7677583.00	36484.85	5218678.00	10.90	9277.00		
35146.69	1112016.00	8498.88	504455.00			1516.40	149351.00
28315.04	1671168.00	23256.56	2503386.00	9.15	4740.00		
164622.35	5218286.00	31043.57	2236408.00	7651.73	509804.00	76.70	360358.00
176.00	114870.00	12382.80	317150.00				
		63488.00	3177100.00				
30066.92	6788700.00	38219.08	12214108.00	1601.00	3440635.00	2069.98	10320527.00
39.10	1073.00	9385.78	3749485.00				
847.75	2633486.00	442.14	78300.00	0.02	6.00	0.27	21400.00
60189.76	8696958.00						
803772.25	390909275.00	1924780.02	4715935749.00	668987.42	951144016.00	323423.60	6373530217.00

地理国情数据

Provision of National

单位：GB

单 位	Department	合计 Total	地形地貌数据 Topographic Data	遥感影像数据 Remote Sensing Image Data
总 计	**Total**	**191814.68**	**578.61**	**180932.91**
北京市规划和自然资源委员会	Beijing Municipal Commission of Planning and Natural Resources			
天津市规划和自然资源局	Tianjin Municipal Bureau of Planning and Natural Resources	1.00		
河北省自然资源厅（海洋局）	Department of Natural Resources of Hebei Province (Ocean Bureau)	235.05		
山西省自然资源厅	Department of Natural Resources of Shanxi Province			
内蒙古自治区自然资源厅	Department of Natural Resources of Inner Mongolia Autonomous Region	81.17		
辽宁省自然资源厅	Department of Natural Resources of Liaoning Province	2005.90		1936.54
吉林省自然资源厅	Department of Natural Resources of Jilin Province	9.46		
黑龙江测绘地理信息局	Heilongjiang Bureau of Surveying and Mapping Geographic Information			
上海市规划和自然资源局	Shanghai Municipal Bureau of Planning and Natural Resources			
江苏省自然资源厅	Department of Natural Resources of Jiangsu Province			
浙江省自然资源厅	Department of Natural Resources of Zhejiang Province	9.96		
安徽省自然资源厅	Department of Natural Resources of Anhui Province	21.11		
福建省自然资源厅	Department of Natural Resources of Fujian Province			
江西省自然资源厅	Department of Natural Resources of Jiangxi Province			
山东省自然资源厅（山东省林业局）	Department of Natural Resources of Shandong Province (Forestry Bureau of Shandong Province)	44.62		
河南省自然资源厅	Department of Natural Resources of Henan Province			
湖北省自然资源厅	Department of Natural Resources of Hubei Province	4719.71		4683.28
湖南省自然资源厅	Department of Natural Resources of Hunan Province	493.79	493.79	
广东省自然资源厅	Department of Natural Resources of Guangdong Province	13265.27		4533.12
广西壮族自治区自然资源厅	Department of Natural Resources of Guangxi Zhuang Autonomous Region	3.91		
海南测绘地理信息局	Hainan Administration of Surveying Mapping and Geoinformation	1.07		0.05
重庆市规划和自然资源局	Chongqing Municipal Bureau of Planning and Natural Resources			
四川测绘地理信息局	Sichuan Bureau of Surveying, Mapping and Geoinformation			
贵州省自然资源厅	Department of Natural Resources of Guizhou Province	10.00		
云南省自然资源厅	Department of Natural Resources of Yunnan Province	3725.13		3725.13
西藏自治区自然资源厅	Department of Natural Resources of Xizang Autonomous Region	53336.81		52816.94
陕西测绘地理信息局	Shaanxi Bureau of Surveying, Mapping and Geoinformation	4431.35	2.95	4423.68
甘肃省自然资源厅	Department of Natural Resources of Gansu Province	105435.78	81.86	104831.16
青海省自然资源厅	Department of Natural Resources of Qinghai Province	0.58		
宁夏回族自治区自然资源厅	Department of Natural Resources of Ningxia Hui Autonomous Region			
新疆维吾尔自治区自然资源厅	Department of Natural Resources of Xinjiang Uygur Autonomous Region	3983.00		3983.00
新疆生产建设兵团自然资源局	Natural Resources Bureau of Xinjiang Production and Construction Corps			
国家基础地理信息中心	National Geomatics Center of China			

提供情况（2023年）
Geographic Conditions Data（2023）

Unit：GB

遥感影像解译样本数据 Remote Sensing Image Interpretation Sample Data	地表覆盖数据 Surface Coverage Data	地理国情要素数据 Geographic Element Data	专题数据 Thematic Data	地理国情统计分析数据 Statistical Analysis Data of Geographical Conditions
373.77	**459.48**	**9416.08**	**53.81**	**0.03**
	0.90	0.10		
228.98	2.04	2.13	1.90	
		81.17		
	19.14	19.14	31.07	
	9.46			
	9.96			
	15.20	5.91		
	44.62			
	11.29	25.12		0.03
		8732.15		
	2.85	1.06		
	0.51	0.51		
	1.50	8.50		
		519.87		
	2.23	2.49		
144.79	339.28	17.85	20.83	
	0.50	0.08		

主要统计指标解释

测绘资质单位数量 指报告期末持有经自然资源部或者省级自然资源主管部门颁发《测绘资质证书》的单位总数。

服务总值 指从事测绘及相关活动的单位报告期内完成各种测绘项目或提供各种测绘服务实现的总值（总产出），根据单位财务统计数据计算得出。

测绘从业人员年末人数 指年末测绘资质单位实有的测绘从业人员数。从业人员指在本单位工作，并取得工资或其他形式的劳动报酬的全部人员。对于专门从事测绘活动的单位，填报整个单位年末从业人员总数；对于除从事测绘活动外还从事其他活动（如规划、勘察、设计、施工等）的单位，填报具有相对独立建制的测绘生产机构的年末从业人员总数。

地形图 指地表起伏形态和地物位置、形状在水平面上的投影图。该指标统计纸质形式的地形图，包括模拟地形图和用地形图制图数据喷绘的纸图，按1∶500、1∶1000、1∶2000、1∶5000、1∶1万、1∶2.5万、1∶5万、1∶10万、1∶25万、1∶50万、1∶100万和其他比例尺分别进行统计。

数字成果 包括数字线划地图（DLG）、数字高程模型（DEM）、数字栅格地图（DRG）、数字正射影像（DOM）和其他地理信息数据。

数字线划地图（DLG） 指以点、线、面形式或地图特定图形符号形式，表达地形要素的地理信息矢量数据集。点要素在矢量数据中表示为一组坐标及相应的属性值；线要素表示为一串坐标组及相应的属性值；面要素表示为首尾点重合的一串坐标组及相应的属性值。数字线划图是国家基础地理信息数字成果的主要组成部分之一。

数字高程模型（DEM） 指在一定范围内通过规则格网点描述地面高程信息的数据集。用于反映区域地貌形态的空间分布，是国家基础地理信息数字成果的主要组成部分。

数字正射影像（DOM） 指将地表航空航天影像经垂直投影而生成的影像数据集。参照地形图要求对正射影像数据按图幅范围进行裁剪，配以图廓整饰，即成为数字正射影像图，它具有像片的影像特征和地图的几何精度，是国家基础地理信息数字成果的主要组成部分。

Explanatory Notes on Main Statistical Indicators

Number of Surveying and Mapping Qualification Agency—the total number of units holding the Surveying and mapping qualification issued by the Ministry of Natural Resources or the provincial natural resources departments at the end of the reporting period.

Total Service Value—the total value （total output） of various mapping projects or various mapping services provided by units engaged in surveying and mapping and related activities during the reporting period, which is calculated based on their financial statistics.

Employee of Surveying and Mapping Qualification Agency at the End of the Year—the actual number of employees working in qualified surveying and mapping units at the end of the year. Employees refer to all personnel who work in their own units and receive wages or other forms of labor remuneration. Units specialized in surveying and mapping should fill in the total number of employees at the end of the year; Units engaged in other activities （such as planning, investigation, design, construction, etc.） besides surveying and mapping should fill in the total number of employees working in surveying and mapping institutions with relatively independent system at the end of the year.

Topographic Map—the projection map with surface relief, location and shape on the horizontal plane. This index is used to count paper-based topographic maps, including simulated topographic maps and paper maps painted with topographic mapping data. The statistics are carried out at 1：500, 1：1000, 1：2000, 1：5000, 1：10000, 1：25000, 1：50000, 1：100000, 1：250000, 1：500000, 1：1000000 and other scales.

Digital Achievement—includes Digital Line Graphic （DLG）, Digital Elevation Model （DEM）, Digital Raster Graphic （DRG）, Digital Orthophoto Map （DOM） and other geographic data.

Digital Line Graphic （DLG）—the geographic information vector data set that expresses terrain features in the form of point, line, surface or specific graphic symbols of map. In vector data points are represented as a set of coordinates and corresponding attribute values; lines are represented as a set of coordinate groups and corresponding attribute values; surfaces are represented as a series of coordinate groups with coincident heads and tails and corresponding attribute values. DLG is one of the main components of digital achievements of national basic geographic information.

Digital Elevation Model （DEM）—the data set that describes the ground elevation information through regular grid points in a certain range. It is used to reflect the spatial distribution of regional geomorphology. DEM is one of the main components of digital achievements of national basic geographic information.

Digital Orthophoto Map （DOM）—the image data set generated by vertical projection of surface aerospace images. According to the requirements of topographic map, the orthophoto data are cropped according to the scope of map and decorated with the map outline, and that is a digital orthophoto map. It has the image feature of the photo and the geometric accuracy of the map, and is one of the main components of digital achievements of national basic geographic information.

六、自然资源依法行政

Chapter 6 Legal Administration of Natural Resources

自然资源行政复议案件情况
Administrative Reconsideration Cases

单位：件

地　区	Region	上期结转 Case Transferred from Last Period	本期新收 Case Newly Received This Period			
				受理 Accepted	不予受理 Dismissal	其他 Others
总　计	**Total**	**209**	**1535**	**1167**	**181**	**187**
自然资源部	MNR	106	785	485	156	144
北　京	Beijing	5	27	25	2	
天　津	Tianjin	5	115	114		1
河　北	Hebei	9	91	77	3	11
山　西	Shanxi					
内蒙古	Inner Mongolia	1	80	80		
辽　宁	Liaoning	15	22	17	5	
吉　林	Jilin		39	39		
黑龙江	Heilongjiang		4		4	
上　海	Shanghai	2	49	19		30
江　苏	Jiangsu	1				
浙　江	Zhejiang	24	103	93	9	1
安　徽	Anhui	2				
福　建	Fujian	3	22	22		
江　西	Jiangxi		6	6		
山　东	Shandong					
河　南	Henan					
湖　北	Hubei		23	23		
湖　南	Hunan	6	66	66		
广　东	Guangdong	14	47	47		
广　西	Guangxi	1				
海　南	Hainan					
重　庆	Chongqing	8	7	7		
四　川	Sichuan		1	1		
贵　州	Guizhou					
云　南	Yunnan		11	11		
西　藏	Xizang	1	3	3		
陕　西	Shaanxi		12	12		
甘　肃	Gansu	6				
青　海	Qinghai		4	4		
宁　夏	Ningxia					
新　疆	Xinjiang		18	16	2	

——按地区分列（2023年）

of Natural Resources by Region（2023）

Unit：case

被申请人 The Respondent								
乡镇政府 Township Government	县级政府部门 County Government Department	县级政府 County Government	市（地）级政府部门 Municipal (Prefectural) Government Department	市（地）级政府 Municipal (Prefectural) Government	省级政府部门 Provincial Government Department	省级政府 Provincial Government	国务院部门 Department of the State Council	其他 Others
3	**293**	**5**	**299**	**22**	**528**	**55**	**313**	**17**
2	12	5	12		420	10	313	11
			27					
	27		25	4	59			
1	45		45					
			11		24	45		
	9		7					6
	4		35					
			4					
	24				25			
	54		49					
	18		4					
	5		1					
	19		4					
	43		23					
			31	16				
	7							
	1							
	11							
	1			2				
	7		5					
	4							
	2		16					

自然资源行政复议案件情况

Administrative Reconsideration Cases of

单位：件

地　区	Region	复议机关 Reconsideration Organ				
		市（地）级政府部门 Municipal (Prefectural) Government Department	省级政府部门 Provincial Government Department	自然资源部 MNR	信息公开 Information Disclosure	举报投诉 Report Complaint
总　计	**Total**	**398**	**293**	**844**	**509**	**378**
自然资源部	MNR			785	275	286
北　京	Beijing		27			24
天　津	Tianjin	24	50	41	37	6
河　北	Hebei	53	38		42	12
山　西	Shanxi					
内蒙古	Inner Mongolia	11	62	7	14	1
辽　宁	Liaoning	22			7	3
吉　林	Jilin	39			23	
黑龙江	Heilongjiang		4		1	3
上　海	Shanghai		49		18	15
江　苏	Jiangsu					
浙　江	Zhejiang	76	27		31	13
安　徽	Anhui					
福　建	Fujian	22			12	
江　西	Jiangxi	6			2	
山　东	Shandong					
河　南	Henan					
湖　北	Hubei	23			5	15
湖　南	Hunan	65	1		12	
广　东	Guangdong	31	16		16	
广　西	Guangxi					
海　南	Hainan					
重　庆	Chongqing	7			4	
四　川	Sichuan	1			1	
贵　州	Guizhou					
云　南	Yunnan			11		
西　藏	Xizang	2	1			
陕　西	Shaanxi	12			6	
甘　肃	Gansu					
青　海	Qinghai		4			
宁　夏	Ningxia					
新　疆	Xinjiang	4	14		3	

——按地区分列（2023年） 续表1

Natural Resources by Region（2023） Continued 1

Unit：case

复议事项 Reconsideration Matter								
不动产登记 Real Estate Registration	行政处罚 Administrative Sanction	行政强制 Administrative Compulsion	行政征收 Administrative Expropriation	行政许可 Administrative Licensing	行政确认 Administrative Confirmation	行政确权 Administrative Confirmation of Right	行政不作为 Administrative Omission	其他 Others
126	**60**	**16**	**191**	**101**	**13**	**11**	**35**	**95**
19	3	2	137	16	2	3	3	39
2	1							
41	2		2	10			5	12
6	3	3		4	1		3	17
2	1		8	47	3		4	
1	7			1				3
3	2	1	2	1		2	4	1
8				7				1
20	7	3	6	7	2	4	4	6
8								2
	1		2					1
			1				2	
7	13	6	13	2	3	1	6	3
1			16	2	1		3	8
2	1							
	9	1						1
1	1							1
1	3		1				1	
				3	1			
4	6		3	1		1		

自然资源行政复议案件情况

Administrative Reconsideration Cases of

地区	Region	审理情况/件 Trial Situation/case					
			已审结 Concluded				
			驳回 Rejection	维持 Maintenance	责令履行 Ordering to Execution	变更 Change	确认违法 Confirmation of Illegality
总　计	**Total**	**1236**	**304**	**609**	**55**	**1**	**29**
自然资源部	MNR	534	157	297	23		6
北　京	Beijing	30	3	24			
天　津	Tianjin	101	10	68	3		
河　北	Hebei	78	31	18	10		6
山　西	Shanxi						
内蒙古	Inner Mongolia	71	19	22	5		9
辽　宁	Liaoning	18		11			
吉　林	Jilin	39	2	26	3		
黑龙江	Heilongjiang						
上　海	Shanghai	20	1	18			
江　苏	Jiangsu	1					
浙　江	Zhejiang	107	26	40	1		
安　徽	Anhui	2					1
福　建	Fujian	24	8	11			
江　西	Jiangxi	6	1				
山　东	Shandong						
河　南	Henan						
湖　北	Hubei	23	4	15			2
湖　南	Hunan	70	15	17	3	1	3
广　东	Guangdong	50	18	12	3		1
广　西	Guangxi						
海　南	Hainan						
重　庆	Chongqing	15	4	10	1		
四　川	Sichuan	1					
贵　州	Guizhou						
云　南	Yunnan	5		4			
西　藏	Xizang	3		2			
陕　西	Shaanxi	12		9			1
甘　肃	Gansu	6					
青　海	Qinghai	4		3			
宁　夏	Ningxia						
新　疆	Xinjiang	16	5	2	3		

——按地区分列（2023年） 续表2
Natural Resources by Region（2023） Continued 2

				行政复议意见书/件 Administrative Reconsideration Opinion/case		行政赔偿 Administrative Compensation	
撤销 Revocation	撤回申请 Cancellation	其他 Others	未审结 Not Concluded	制发数 Issued Number	落实数 Real Number	件数/件 Number of Case/case	赔偿数额/元 Compensation/yuan
115	**85**	**38**	**140**	**79**	**65**	**5**	
45	6		57	13	20		
2	1						
8	12		18	3	5	5	
7	4	2	8	18	12		
11	4	1	10	1	1		
6		1	14	9			
1	3	4		8	8		
		1	1				
	1						
6	24	10	10				
	1			1	1		
1	4		1	18			
3	1	1					
	2			2	2		
16	10	5	2	1	2		
	10	6	11		9		
			1				
1							
1			6				
1			1				
2							
		6					
1				4	4		
3	2	1		1	1		

自然资源行政复议案件情况

Administrative Reconsideration Cases of

单位：件

类别	Category	上期结转 Transferred from Last Period	本期新收 Case Newly Received This Period				
				受理 Accepted	不予受理 Dismissal	其他 Others	乡镇政府 Township Government
总　计	**Total**	**209**	**1535**	**1167**	**181**	**187**	**3**
规　划	Planning	15	104	94	1	9	
土　地	Land Resources	139	1165	862	167	136	3
矿　产	Mineral Resources	12	67	48	5	14	
海　洋	Ocean Resources		5	5			
其　他	Others	43	194	158	8	28	

类别	Category	复议机关 Reconsideration Organ					
		市（地）级政府部门 Municipal (Prefectural) Government Department	省级政府部门 Provincial Government Department	自然资源部 MNR	信息公开 Information Disclosure	举报投诉 Report Complaint	不动产登记 Real Estate Registration
总　计	**Total**	**398**	**293**	**844**	**509**	**378**	**126**
规　划	Planning	36	58	10	43	16	2
土　地	Land Resources	283	201	681	396	318	76
矿　产	Mineral Resources	4	8	55	10	13	
海　洋	Ocean Resources	2		3		3	
其　他	Others	73	26	95	60	28	48

类别	Category	审理情况 Trial Situation					
		已审结 Concluded					
			驳回 Rejection	维持 Maintenance	责令履行 Ordering to Execution	变更 Change	确认违法 Confirmation of Illegality
总　计	**Total**	**1236**	**304**	**609**	**55**	**1**	**29**
规　划	Planning	90	12	55	2		1
土　地	Land Resources	893	235	436	42		22
矿　产	Mineral Resources	54	16	10	4		3
海　洋	Ocean Resources	5	2	2			
其　他	Others	194	39	106	7	1	3

——按行政管理类别分列（2023年）
Natural Resources by Administrative Category （2023）

Unit：case

被申请人 The Respondent							
县级政府部门 County Government Department	县级政府 County Government	市（地）级政府部门 Municipal (Prefectural) Government Department	市（地）级政府 Municipal (Prefectural) Government	省级政府部门 Provincial Government Department	省级政府 Provincial Government	国务院部门 Department of the State Council	其他 Others
293	**5**	**299**	**22**	**528**	**55**	**313**	**17**
48		44	1	9		2	
198	5	201	20	376	55	294	13
5		3		55		4	
2				2		1	
40		51	1	86		12	4

复议事项 Reconsideration Matter							
行政处罚 Administrative Sanction	行政强制 Administrative Compulsion	行政征收 Administrative Expropriation	行政许可 Administrative Licensing	行政确认 Administrative Confirmation	行政确权 Administrative Confirmation of Right	行政不作为 Administrative Omission	其他 Others
60	**16**	**191**	**101**	**13**	**11**	**35**	**95**
4			34	1		1	3
38	9	181	51	8	7	26	55
4	2	9	16	4	1	1	7
2							
12	5	1			3	7	30

				行政复议意见书 Administrative Reconsideration Opinion		行政赔偿 Administrative Compensation	
撤销 Revocation	撤回申请 Withdrawal of Claim	其他 Others	未审结 Not Concluded	制发数 Issued Number	落实数 Real Number	件数/件 Number of Case/case	赔偿数额/元 Compensation/yuan
115	**85**	**38**	**140**	**79**	**65**	**5**	
5	13	2	19	6	1		
69	53	36	108	67	53	5	
21			6	2	4		
1							
19	19		7	4	7		

自然资源行政诉讼案件
Administrative Litigation Cases

单位：件

地 区	Region	上期结转 Transferred from Last Period	本期发生 Occurred in This Period	对规范性文件附带审查 Additional Review of Normative Document
总 计	**Total**	**5434**	**25555**	**283**
自然资源部	MNR	65	387	
北 京	Beijing	122	637	17
天 津	Tianjin	123	250	
河 北	Hebei	174	844	5
山 西	Shanxi	43	439	
内蒙古	Inner Mongolia	114	637	
辽 宁	Liaoning	294	1003	107
吉 林	Jilin	15	188	2
黑龙江	Heilongjiang	80	374	
上 海	Shanghai	139	380	36
江 苏	Jiangsu	337	1419	
浙 江	Zhejiang	295	1095	
安 徽	Anhui	119	976	
福 建	Fujian	50	658	
江 西	Jiangxi	27	586	1
山 东	Shandong	386	1596	
河 南	Henan	161	1096	2
湖 北	Hubei	174	933	16
湖 南	Hunan	207	1785	14
广 东	Guangdong	923	2803	4
广 西	Guangxi	320	1678	54
海 南	Hainan	217	696	
重 庆	Chongqing	326	979	
四 川	Sichuan	175	901	
贵 州	Guizhou	128	881	
云 南	Yunnan	122	829	
西 藏	Xizang	2	40	
陕 西	Shaanxi	151	567	2
甘 肃	Gansu	59	332	
青 海	Qinghai	4	49	
宁 夏	Ningxia	6	161	1
新 疆	Xinjiang	76	356	22

情况——按地区分列（2023年）
of Natural Resources by Region（2023）

Unit：case

应诉机关 Responding Organ			诉讼事项 Litigation Matter		
原行为机关单独应诉 The Original Agency Response Separately	复议机关单独应诉 The Administrative Organ for Reconsideration Response Separately	共同应诉 Joint Response	信息公开 Information Disclosure	投诉举报 Complaint Report	不动产登记 Real Estate Registration
21668	**390**	**3497**	**3115**	**1069**	**8272**
218	52	117	152	168	12
527		110	94	154	221
224	1	25	27	9	99
638	3	203	162	43	242
369		70	65	20	96
567	19	51	37	1	335
906		97	102	8	345
173	1	14	19	3	72
364	1	9	90	2	177
314		66	132	9	136
1204	4	211	226	139	547
933	45	117	151	47	370
795	6	175	76	40	315
579		79	77	17	249
495	1	90	70	5	188
1405	17	174	171	57	467
983	1	112	188	45	433
812	4	117	102	32	282
1541	10	234	149	11	362
2443	1	359	229	49	942
1432	35	211	105	7	668
600	23	73	35	2	377
898		81	153	19	242
745	14	142	141	59	174
793		88	99	9	307
494	127	208	116	3	191
17		23			5
519	7	41	64	51	179
275	9	48	32	5	88
42	2	5	10		8
100	7	54	12	5	32
263		93	29	50	111

自然资源行政诉讼案件情况

Administrative Litigation Cases of Natural

单位：件

地 区	Region	诉讼事项 Litigation Matter				
		行政许可 Administrative Licensing	行政处罚 Administrative Sanction	行政强制 Administrative Compulsion	行政确认 Administrative Confirmation	行政确权 Administrative Confirmation of Right
总 计	**Total**	**1488**	**1751**	**738**	**1095**	**931**
自然资源部	MNR	16				1
北 京	Beijing	42	24		13	
天 津	Tianjin	6	3			
河 北	Hebei	39	48	28	13	7
山 西	Shanxi	15	50	13	18	40
内蒙古	Inner Mongolia	39	32	26	11	17
辽 宁	Liaoning	45	89	14	75	17
吉 林	Jilin	13	17	10	9	8
黑龙江	Heilongjiang	18	15	1	20	12
上 海	Shanghai	15	14	1		1
江 苏	Jiangsu	77	103	27	28	2
浙 江	Zhejiang	129	31	14	19	36
安 徽	Anhui	39	101	21	32	2
福 建	Fujian	36	58	24	12	2
江 西	Jiangxi	23	23	15	12	10
山 东	Shandong	40	95	36	111	184
河 南	Henan	63	76	39	39	40
湖 北	Hubei	76	46	34	82	31
湖 南	Hunan	181	87	41	75	33
广 东	Guangdong	248	132	53	186	176
广 西	Guangxi	100	114	43	96	108
海 南	Hainan	16	6	8	64	82
重 庆	Chongqing	51	47	18	40	12
四 川	Sichuan	53	63	37	18	3
贵 州	Guizhou	27	70	45	58	72
云 南	Yunnan	37	231	92	18	18
西 藏	Xizang	1	22	6	1	2
陕 西	Shaanxi	14	41	21	16	3
甘 肃	Gansu	13	26	29	9	9
青 海	Qinghai	6	10	2	3	1
宁 夏	Ningxia	3	9	31	7	
新 疆	Xinjiang	7	68	9	10	2

——按地区分列（2023年） 续表1

Resources by Region（2023） Continued 1

Unit：case

				应诉机关级别 Level of Responding Organ				
行政征收 Administrative Expropriation	行政赔偿 Administrative Compensation	行政不作为 Administrative Omission	其他 Others	县级行政主管部门 County Administrative Department	市（地）级行政主管部门 Municipal (Prefectural) Administrative Department	省级行政主管部门 Provincial Administrative Department	国家级行政主管部门 National Administrative Department	其他 Others
2449	**991**	**1255**	**2401**	**15324**	**8398**	**851**	**402**	**580**
26	3		9				387	
5	15	25	44	190	348	67		32
23	3	8	72	95	57	98		
44	36	52	130	513	291	40		
12	22	36	52	275	154	9		1
44	15	12	68	481	137	19		
61	89	27	131	499	495	8		1
8	1	9	19	58	113	14		3
12	5	8	14	124	226	24		
14	4	26	28	159	22	199		
84	26	81	79	597	749	19	2	52
129	5	66	98	711	360	24		
189	51	45	65	726	235	13		2
35	25	32	91	421	229	8		
71	38	39	92	438	118			30
135	38	116	146	1068	486	25		17
58	41	35	39	628	456	12		
103	32	45	68	628	287	18		
424	121	97	204	1210	383	14		178
213	67	200	308	1225	1454	36		88
150	74	50	163	1320	342	5		11
38	13	16	39	431	257	8		
203	54	36	104	814	93	40	6	26
187	21	21	124	600	263	36		2
42	41	47	64	767	105	9		
41	17	16	49	638	53	7		131
	3			30	10			
29	58	53	38	212	342	12		1
44	31	25	21	200	109	19		4
		9		8	36	5		
9	28		25	114	40	7		
16	14	23	17	144	148	56	7	1

自然资源行政诉讼案件情况

Administrative Litigation Cases of Natural

单位：件

地 区	Region	已审结案件 Concluded Case					
		判决 Sentence					
			驳回诉讼请求 Rejection of Claim	撤销 Revocation	变更 Change	责令履行 Ordering to Execution	确认违法或无效 Confirmation of Illegality or Invalidity
总 计	**Total**	**13354**	**9739**	**1680**	**112**	**868**	**955**
自然资源部	MNR	119	112	7			
北 京	Beijing	236	204	27		1	4
天 津	Tianjin	100	95	3			2
河 北	Hebei	478	322	68		48	40
山 西	Shanxi	270	189	32	3	26	20
内蒙古	Inner Mongolia	391	271	72	7	13	28
辽 宁	Liaoning	625	466	58	2	58	41
吉 林	Jilin	90	71	7	1	5	6
黑龙江	Heilongjiang	146	100	33	1	12	
上 海	Shanghai	157	145	7		2	3
江 苏	Jiangsu	529	483	17	1	9	19
浙 江	Zhejiang	365	339	13		3	10
安 徽	Anhui	586	388	77	8	92	21
福 建	Fujian	411	359	26	4	11	11
江 西	Jiangxi	366	248	43	12	26	37
山 东	Shandong	662	525	78	8	15	36
河 南	Henan	660	463	106	4	64	23
湖 北	Hubei	429	276	71	4	39	39
湖 南	Hunan	1039	758	108	12	55	106
广 东	Guangdong	1434	1031	248	3	75	77
广 西	Guangxi	1079	837	141	18	36	47
海 南	Hainan	280	190	51	1	9	29
重 庆	Chongqing	604	385	91	6	82	40
四 川	Sichuan	624	455	62	6	43	58
贵 州	Guizhou	265	159	47	2	24	33
云 南	Yunnan	565	365	70	2	7	121
西 藏	Xizang	27	18	1			8
陕 西	Shaanxi	278	178	42		38	20
甘 肃	Gansu	244	144	29	3	47	21
青 海	Qinghai	38	24	2		9	3
宁 夏	Ningxia	76	36	14	3	5	18
新 疆	Xinjiang	181	103	29	1	14	34

——按地区分列（2023年） 续表2

Resources by Region（2023） Continued 2

Unit：case

裁定 Rule				未审结案件 Not Concluded Case	二审案件 Second Instance Case	再审案件 Retrial Case
	驳回起诉 Rejection of Prosecution	准予撤诉 Withdrawal Granted	终结诉讼 Termination of Litigation			
12845	**8555**	**3955**	**335**	**4790**	**9662**	**2444**
252	252			81	331	100
390	286	97	7	133	265	10
240	159	76	5	33	93	7
403	286	117		137	317	93
186	138	42	6	26	199	30
288	201	64	23	72	198	50
474	316	110	48	198	344	136
107	74	33		6	30	8
214	102	101	11	94	156	34
236	169	67		126	130	23
900	605	285	10	327	584	258
767	465	284	18	258	382	170
367	218	140	9	142	348	93
227	156	62	9	70	251	33
221	153	43	25	26	114	39
1018	653	344	21	302	359	70
471	234	228	9	126	317	74
496	287	184	25	182	277	48
706	480	213	13	247	639	88
1449	1171	257	21	843	1517	90
588	431	145	12	331	708	244
407	269	131	7	226	383	127
485	311	158	16	216	356	120
343	223	118	2	109	378	124
609	288	315	6	135	200	75
289	211	74	4	97	355	157
8	5	3		7	9	3
309	177	125	7	131	165	73
114	77	25	12	33	106	33
8		8		7		
64	37	27		27	20	3
209	121	79	9	42	131	31

自然资源行政诉讼案件情况

Administrative Litigation Cases of Natural

单位：件

类别	Category	上期结转 Transferred from Last Period	本期发生 Occurred in This Period	对规范性文件附带审查 Additional Review of Normative Document
总计	**Total**	**5434**	**25555**	**283**
规划	Planning	538	2256	43
土地	Land Resources	3791	19190	232
矿产	Mineral Resources	84	490	7
海洋	Ocean Resources	45	52	
其他	Others	976	3567	1

类别	Category	诉讼事项 Litigation Matter						
		信息公开 Information Disclosure	举报投诉 Report Complaints	不动产登记 Real Estate Registration	行政许可 Administrative Licensing	行政处罚 Administrative Sanction	行政强制 Administrative Compulsion	行政确认 Administrative Confirmation
总计	**Total**	**3115**	**1069**	**8272**	**1488**	**1751**	**738**	**1095**
规划	Planning	492	117	66	733	179	73	75
土地	Land Resources	2272	908	6550	565	1352	595	730
矿产	Mineral Resources	20	8	8	149	119	23	9
海洋	Ocean Resources			3	2	14	3	1
其他	Others	331	36	1645	39	87	44	280

类别	Category	已审结案件 Concluded Case					
		判决 Sentence					
		合计 Total	驳回诉讼请求 Rejection of Claim	撤销 Revocation	变更 Change	责令履行 Ordering to Execution	确认违法或无效 Confirmation of Illegality or Invalidity
总计	**Total**	**13354**	**9739**	**1680**	**112**	**868**	**955**
规划	Planning	1215	938	115	12	63	87
土地	Land Resources	10101	7341	1282	82	682	714
矿产	Mineral Resources	241	162	27	2	20	30
海洋	Ocean Resources	38	33	4			1
其他	Others	1759	1265	252	16	103	123

——按行政管理类别分列（2023年）

Resources by Administrative Category（2023）

Unit：case

应诉机关 Responding Organ		
原行为机关单独应诉 The Original Agency Response Separately	复议机关单独应诉 The Administrative Organ for Reconsideration Response Separately	共同应诉 Joint Response
21668	**390**	**3497**
1901	13	342
16167	313	2710
346	30	114
33		19
3221	34	312

					应诉机关级别 Level of Responding Organ				
行政确权 Administrative Confirmation of Right	行政征收 Administrative Expropriation	行政赔偿 Administrative Compensation	行政不作为 Administrative Omission	其他 Others	县级行政主管部门 County Administrative Department	市（地）级行政主管部门 Municipal (Prefectural) Administrative Department	省级行政主管部门 Provincial Administrative Department	国家级行政主管部门 National Administrative Department	其他 Others
931	**2449**	**991**	**1255**	**2401**	**15324**	**8398**	**851**	**402**	**580**
12	34	52	144	279	1258	918	72	4	4
489	2372	744	945	1668	11637	6176	533	356	488
5	6	36	26	81	315	76	80	19	
1		17	3	8	36	16			
424	37	142	137	365	2078	1212	166	23	88

裁定 Rule				未审结案件 Not Concluded Case	二审案件 Second Instance Case	再审案件 Retrial Case
合计 Total	驳回起诉 Rejection of Prosecution	准予撤诉 Withdrawal Granted	终结诉讼 Termination of Litigation			
12845	**8555**	**3955**	**335**	**4790**	**9662**	**2444**
1131	770	340	21	448	915	166
9530	6322	2938	270	3350	7371	1946
237	165	63	9	96	154	102
37	16	21		22	48	13
1910	1282	593	35	874	1174	217

自然资源公益诉讼案件

Public Interest Litigation Cases of

地 区	Region	上期结转数量/件 Transferred from Last Period/case	本期新收数量/件 Newly Received in This Period/case	行政机关/件 Administration/case								
									国有土地使用权出让 State-owned Land Use Right Transfer			
				部本级 MNR	省级 Provincial Level	市级 Municipal Level	县级 County Level	其他 Others		土地出让金追缴 Recovery of Land Transferring Fee	闲置土地处置 Disposal of Idle Land	其他 Others
总 计	**Total**	**50**	**368**		**2**	**71**	**292**	**3**	**49**	**30**	**13**	**6**
自然资源部	MNR											
北 京	Beijing											
天 津	Tianjin		2		2							
河 北	Hebei		6			1	5		2	1	1	
山 西	Shanxi		9			5	4					
内蒙古	Inner Mongolia		10			2	8		1		1	
辽 宁	Liaoning											
吉 林	Jilin											
黑龙江	Heilongjiang	2	15			3	12		4	2	1	1
上 海	Shanghai											
江 苏	Jiangsu	1	26			2	24		1	1		
浙 江	Zhejiang	2	5				5					
安 徽	Anhui		11			5	6		2	2		
福 建	Fujian											
江 西	Jiangxi		9			1	8					
山 东	Shandong		6			1	5		2	1		1
河 南	Henan		3				3		1	1		
湖 北	Hubei		45			14	31		6	1	4	1
湖 南	Hunan	9	47			4	43		14	14		
广 东	Guangdong	3	30			8	19	3	3		3	
广 西	Guangxi		3			1	2		1	1		
海 南	Hainan	7	25			9	16		4	2	2	
重 庆	Chongqing	20	10				10		2	1	1	
四 川	Sichuan	1	23			6	17		2	1		1
贵 州	Guizhou		5				5					
云 南	Yunnan	1	34			1	33		3	2		1
西 藏	Xizang											
陕 西	Shaanxi		37			6	31		1			1
甘 肃	Gansu	2	6			1	5					
青 海	Qinghai											
宁 夏	Ningxia	1										
新 疆	Xinjiang	1	1			1						

情况——按地区分列（2023年）
Natural Resources by Region（2023）

案件类型/件 Type of Case/case											
生态环境与资源保护 Ecological Environment and Natural Resources Protection							国有财产保护 Protection of State-owned Property				其他案件类型 Other Kinds of Case
	耕地保护 Cultivated Land Protection	矿山地质环境恢复治理 Mine Geological Environment Restoration and Treatment	海岸线修复 Shoreline Restoration	违法案件查处 Investigation and Handling of Illegal Case	不动产登记 Real Estate Registration	其他 Others		海域使用金追缴 Recovery of Sea Area Use Right Fee	矿业权出让价款追缴 Recovery of Mining Right Granting Fee	其他 Others	
281	**97**	**38**	**1**	**99**	**12**	**34**	**10**			**10**	**28**
2		1	1								
4					4						
8	3	1		4							1
9	1	7				1					
8	7					1	3			3	
23	11	4		5		3					2
5	3			1		1					
8	1			3		4					1
7	4			2		1	2			2	
4		1		1		2					
2	1			1							
35	8	3		18	1	5					4
31	16	4		6		5	1			1	1
18	2	5		4	2	5	2			2	7
2	1				1						
20	14	2			2	2	1			1	
7	3			4							1
17	8			8		1					4
5		1		2		2					
26	3	7		16			1			1	4
34	11	1		21	1						2
6		1		3	1	1					
											1

自然资源公益诉讼案件

Public Interest Litigation Cases of

地区	Region	已结案/件 Settled/case								
			诉前按期完成整改 Completing Rectification on Schedule before Lawsuit	撤回检查建议 Withdrawal of Prosecutorial Recommendation	已被提起诉讼并审结					
						确认违法 Confirmation of Illegality	确认无效 Confirmation of Invalidity	撤销 Revocation	部分撤销 Partial Revocation	责令履行 Ordering to Execution
总计	**Total**	**365**	**293**	**1**	**71**	**16**		**3**		**19**
自然资源部	MNR									
北京	Beijing									
天津	Tianjin	1	1							
河北	Hebei	6	6							
山西	Shanxi	9	8		1					
内蒙古	Inner Mongolia	4	2		2					2
辽宁	Liaoning									
吉林	Jilin									
黑龙江	Heilongjiang	17	17							
上海	Shanghai									
江苏	Jiangsu	27	27							
浙江	Zhejiang	7	2	1	4					
安徽	Anhui	9	7		2					1
福建	Fujian									
江西	Jiangxi	8	8							
山东	Shandong	4	4							
河南	Henan	2			2	2				
湖北	Hubei	45	36		9	3		1		5
湖南	Hunan	42	37		5	2				
广东	Guangdong	27	27							
广西	Guangxi	2	1		1					
海南	Hainan	31	26		5	1				1
重庆	Chongqing	15	7		8			2		1
四川	Sichuan	24	21		3					
贵州	Guizhou	4	2		2					
云南	Yunnan	33	22		11	2				7
西藏	Xizang									
陕西	Shaanxi	37	28		9	6				
甘肃	Gansu	8	3		5					1
青海	Qinghai									
宁夏	Ningxia	1	1							
新疆	Xinjiang	2			2					1

情况——按地区分列（2023年） 续表
Natural Resources by Region（2023） Continued

Litigated and Concluded					未审结/件 Not Concluded/case			追责人数/人 Number of Person Claiming Responsibility/person			
变更 Change	驳回诉讼请求 Rejection of Claim	撤诉 Withdrawing a Lawsuit	其他 Others		未到整改期限 Not Reaching Rectification Deadline	未完成诉讼程序 Not Completing Proceedings		厅局级 Bureau Level	处级 Section Level	科级 Office Level	其他 Others
	2	**18**	**13**	**53**	**44**	**9**	**1**				**1**
				1	1						
		1									
				6	4	2					
		3	1								
			1	2	1	1					
				1		1	1				1
				2		2					
				1		1					
		3		14	14						
				6	5	1					
			1	1	1						
		1	2	1	1						
		2	3	15	15						
		2	1								
			2	1		1					
		2		2	2						
	1		2								
	1	3									
		1									

主要统计指标解释

上期结转 指本报告期之前复议机关已受理但未审结的行政复议案件数。

本期新收 指本报告期内行政机关新收到的行政复议申请数。

受理 指本报告期内行政复议机关决定立案审理的行政复议案件数。

已审结 指在本报告期内上期结转和本期受理的案件中已正式审结的案件。

其他 包括：①部分维持、部分撤销的决定；②部分维持、部分变更的决定；③部分维持、部分责令履行的决定；④部分撤销、部分变更的决定；⑤部分撤销、部分责令履行的决定；⑥部分变更、部分责令履行的决定等。

上期结转 指人民法院已受理但尚未作出一审判决、裁定的诉讼案件数。

本期新收 指本报告期内收到的一审行政诉讼案件。

已审结案件 指报告期内收到一审裁判文书的案件，不以裁判文书是否生效为标准。

未审结案件 指在本报告期内尚未作出一审判决、裁定的诉讼案件数。

上期结转 指本报告期之前检察机关已转至自然资源主管部门但未审结的诉前检察建议案件和行政公益诉讼案件。

本期发生 指本报告期内行政机关新收到的诉前检察建议案件和行政公益诉讼案件。

Explanatory Notes on Main Statistical Indicators

Case Transferred from Last Period—the number of administrative reconsideration cases that have been accepted but not yet concluded by the reconsideration authority before this reporting period.

Case Newly Received This Period—the number of administrative reconsideration applications newly received by administrative authorities during this reporting period.

Accepted—the number of administrative reconsideration cases decided by the administrative reconsideration authority to be filed and tried during this reporting period.

Concluded—cases that have been officially concluded during the previous reporting period and the current period of cases received.

Others—includes: ①decisions that are partially maintained or partially revoked; ②decisions on partial maintenance and partial changes; ③decisions to partially maintain or partially order performance; ④decisions on partial revocation or partial change; ⑤decisions on partial revocation and partial order for performance; ⑥partial changes, partial orders to fulfill decisions, etc.

Case Transferred from Last Period—the number of litigation cases that have been accepted by the people's court but have not yet made the first instance judgment or ruling.

Case Newly Received This Period—the first instance administrative litigation cases received during this reporting period.

Concluded Case—cases that have received first instance judgment documents during the reporting period, and are not based on whether the judgment documents are effective.

Not Concluded Case—the number of litigation cases that have not yet made first instance judgments or rulings during this reporting period.

Transferred from Last Period—cases of pre-trial prosecution recommendations and administrative public interest litigation that have been transferred by the procuratorial organs to the competent natural resources department but have not been concluded before this reporting period.

Occurred in This Period—the newly received cases of pre-litigation prosecution recommendations and administrative public interest litigation by administrative authorities during the reporting period.

七、自然资源科技人才

Chapter 7 Natural Resources Scientific and Technological Talented Personnel

自然资源科技人才情况

Natural Resources Scientific and Technological

单位：人

单 位	Department	国家级科技人才 National Talent Plan (Current Number)	青年人才（40岁以下） Young Talent (Under 40 Years Old)
总 计	**Total**	**14**	**3**
北京市规划和自然资源委员会	Beijing Municipal Commission of Planning and Natural Resources	2	
天津市规划和自然资源局	Tianjin Municipal Bureau of Planning and Natural Resources	1	
河北省自然资源厅（海洋局）	Department of Natural Resources of Hebei Province(Ocean Bureau)		
山西省自然资源厅	Department of Natural Resources of Shanxi Province		
内蒙古自治区自然资源厅	Department of Natural Resources of Inner Mongolia Autonomous Region		
辽宁省自然资源厅	Department of Natural Resources of Liaoning Province		
吉林省自然资源厅	Department of Natural Resources of Jilin Province		
黑龙江省自然资源厅	Department of Natural Resources of Heilongjiang Province		
上海市规划和自然资源局	Shanghai Municipal Bureau of Planning and Natural Resources		
江苏省自然资源厅	Department of Natural Resources of Jiangsu Province	2	
浙江省自然资源厅	Department of Natural Resources of Zhejiang Province		
安徽省自然资源厅	Department of Natural Resources of Anhui Province		
福建省自然资源厅	Department of Natural Resources of Fujian Province		
江西省自然资源厅	Department of Natural Resources of Jiangxi Province	1	1
山东省自然资源厅（山东省林业局）	Department of Natural Resources of Shandong Province (Forestry Bureau of Shandong Province)		
河南省自然资源厅	Department of Natural Resources of Henan Province		
湖北省自然资源厅	Department of Natural Resources of Hubei Province		
湖南省自然资源厅	Department of Natural Resources of Hunan Province		
广东省自然资源厅	Department of Natural Resources of Guangdong Province	2	1
广西壮族自治区自然资源厅	Department of Natural Resources of Guangxi Zhuang Autonomous Region		
海南省自然资源和规划厅	Department of Natural Resources and Planning of Hainan Province		
重庆市规划和自然资源局	Chongqing Municipal Bureau of Planning and Natural Resources		
四川省自然资源厅	Department of Natural Resources of Sichuan Province		
贵州省自然资源厅	Department of Natural Resources of Guizhou Province		
云南省自然资源厅	Department of Natural Resources of Yunnan Province		
西藏自治区自然资源厅	Department of Natural Resources of Xizang Autonomous Region		
陕西省自然资源厅	Department of Natural Resources of Shaanxi Province	3	
甘肃省自然资源厅	Department of Natural Resources of Gansu Province		
青海省自然资源厅	Department of Natural Resources of Qinghai Province	2	1
宁夏回族自治区自然资源厅	Department of Natural Resources of Ningxia Hui Autonomous Region	1	
新疆维吾尔自治区自然资源厅	Department of Natural Resources of Xinjiang Uygur Autonomous Region		
上海市海洋局	Shanghai Municipal Oceanic Bureau		
福建省海洋与渔业局	Fujian Provincial Department of Ocean and Fisheries		
厦门市海洋发展局	Xiamen Municipal Marine Development Bureau		
山东省海洋局	Oceanic Administration of Shandong Province		
青岛市海洋发展局	Qingdao Municipal Marine Development Bureau		

——按单位分列（2023年）

Talented Personnel by Department（2023）

Unit：person

高层次科技人才培养情况 High-level Scientific and Technological Talented Personnel				高层次科技人员流动情况 Flow of High-level Scientific and Technological Talented Personnel	
部级人才培养工程 Ministerial Level Talent Training Project		省级科技人才计划 Provincial Level Talent Training Plan			
	青年人才（40岁以下） Young Talent (Under 40 Years Old)		青年人才（40岁以下） Young Talent (Under 40 Years Old)	新增 Increased	减少 Reduced
219	**123**	**244**	**112**	**74**	**11**
20	11	3	1	1	
2		2		1	1
1		18	5	9	
5	3	7			
2	2	4	2	4	
3	3				
10	4	2		2	
3	3	3		1	
7	1	6	1	2	
3	1				
2	2			1	
6	2	2		1	
4	2	4	2		
9	4	13	8		
15	11	57	31	8	
8	5	1			
12	9				
13	6	25	17	7	1
17	8			1	3
1		2			
2	2				
5	2	5		2	2
16	8			1	
10	6	12	5	6	2
10	6	4	1	10	
1					
7	7	8	7	9	1
9	6	7	1		
6	3	46	24	6	1
4	2	6	4	1	
5	3	3	3		
1	1	1			
		3			
				1	

自然资源科技人才情况——按部属

Natural Resources Scientific and Technological Talented

单位：人

单 位	Agency	国家级科技人才 National Talent Plan (Current Number)	青年人才（40岁以下） Young Talent (Under 40 Years Old)
总 计	**Total**	**45**	**15**
中国地质调查局	**China Geological Survey**	31	9
中国地质科学院	Chinese Academy of Geological Sciences	2	2
中国地质调查局自然资源综合调查指挥中心	Natural Resources Comprehensive Investigation Command Center，CGS	2	
中国地质调查局发展研究中心（全国地质资料馆、自然资源部矿产勘查技术指导中心）	Development Research Center，CGS (National Geological Data Center，Mineral Exploration Technology Guidance Center of MNR)	1	
中国地质调查局天津地质调查中心（华北地质科技创新中心）	Tianjin Geological Survey Center，CGS (Northern China Geological Science and Technology Innovation Center)	1	
中国地质调查局沈阳地质调查中心（东北地质科技创新中心）	Shenyang Geological Survey Center，CGS (Northeastern China Geological Science and Technology Innovation Center)		
中国地质调查局南京地质调查中心（华东地质科技创新中心）	Nanjing Geological Survey Center，CGS (Eastern China Geological Science and Technology Innovation Center)		
中国地质调查局武汉地质调查中心（中南地质科技创新中心）	Wuhan Geological Survey Center，CGS (Central-South China Geological Science and Technology Innovation Center)		
中国地质调查局成都地质调查中心（西南地质科技创新中心）	Chengdu Geological Survey Center，CGS (Southwestern China Geological Science and Technology Innovation Center)	1	1
中国地质调查局西安地质调查中心（西北地质科技创新中心）	Xi'an Geological Survey Center，CGS (Northwestern China Geological Science and Technology Innovation Center)	1	
广州海洋地质调查局	Guangzhou Marine Geological Survey，CGS	3	1
青岛海洋地质研究所	Qingdao Institute of Marine Geology，CGS	2	
中国自然资源航空物探遥感中心	China Aero Geophysical Survey & Remote Sensing Center for Natural Resources	1	
中国地质科学院地球物理地球化学勘查研究所	Institute of Geophysical and Geochemical Exploration，CAGS	2	
中国地质调查局油气资源调查中心	Oil and Gas Resources Survey Center，CGS		
中国地质科学院地质研究所	Institute of Geology，CAGS	2	1
中国地质科学院矿产资源研究所	Institute of Mineral Resources，CAGS	5	2
中国地质科学院地质力学研究所	Institute of Geomechanics，CAGS	1	
中国地质环境监测院（自然资源部地质灾害应急技术指导中心）	China Geological Environment Monitoring Institute (Center for Geological Disaster Emergency Technical Guidance of MNR)	1	
中国地质调查局水文地质环境地质调查中心	Hydrogeological and Environmental Geological Survey Center，CGS		

事业单位和派出机构分列（2023年）

Personnel by Institution and Agency Affiliated to MNR（2023）

Unit：person

高层次科技人才培养情况 High-level Scientific and Technological Talented Personnel				高层次科技人员流动情况 Flow of High-level Scientific and Technological Talented Personnel	
部级人才培养工程 Ministerial Level Talent Training Project		省级科技人才计划 Provincial Level Talent Training Plan			
	青年人才(40岁以下) Young Talent (Under 40 Years Old)		青年人才(40岁以下) Young Talent (Under 40 Years Old)	新增 Increased	减少 Reduced
133	**58**	**36**	**19**	**90**	**7**
67	43	24	14	43	2
5	3				
1	1	18	10	21	
3	2				
3	2				
1	1				
4	3			3	
2	1	1	1		
2	1	2	1	5	
4	2				
4	2	1	1		
2	1				
4	2				
3	3			3	
5	3			1	1
5	3			2	
3	2				1
1	1				

自然资源科技人才情况——按部属

Natural Resources Scientific and Technological Talented Personnel

单位：人

单 位	Agency	国家级科技人才 National Talent Plan (Current Number)	青年人才（40岁以下） Young Talent (Under 40 Years Old)
中国地质科学院水文地质环境地质研究所	Institute of Hydrogeology and Environmental Geology，CAGS	1	1
中国地质科学院岩溶地质研究所	Institute of Karst Geology，CAGS		
自然资源实物地质资料中心	Cores and Samples Center of Natural Resources		
中国地质图书馆（中国地质调查局地学文献中心）	National Geological Library of China （Geoscience Documentation Center，CGS）		
中国矿业报社	China Mining News		
国家地质实验测试中心	National Research Center for Geoanalysis	1	
中国地质科学院勘探技术研究所	Institute of Exploration Techniques，CAGS	2	
北京探矿工程研究所	Beijing Institute of Exploration Engineering，CAGS		
中国地质科学院探矿工艺研究所	Institute of Exploration Technology，CAGS		
中国地质科学院郑州矿产综合利用研究所	Zhengzhou Institute of Multipurpose Utilization of Mineral Resources，CAGS		
中国地质科学院矿产综合利用研究所	Institute of Multipurpose Utilization of Mineral Resources，CAGS	2	1
部其他直属单位	**Agency Affiliated to MNR**	**14**	**6**
中国国土勘测规划院	China Land Surveying and Planning Institute		
中国自然资源经济研究院	Chinese Academy of Natural Resources Economics		
自然资源部不动产登记中心（自然资源部法律事务中心）	Real Estate Registration Center，MNR(Law Center，MNR)		
自然资源部油气资源战略研究中心	Strategic Research Center of Oil and Gas Resources，MNR		
自然资源部国土整治中心（自然资源部土地科技创新中心）	China Land Consolidation and Rehabilitation (Land Science and Technology Innovation Center，MNR)		
中国地质博物馆	Geological Museum of China		
自然资源部信息中心	Information Center，MNR		
自然资源部咨询研究中心	Consulting and Research Center，MNR		
自然资源部第一海洋研究所	First Institute of Oceanography，MNR	3	2
自然资源部第二海洋研究所	Second Institute of Oceanography，MNR	1	1
自然资源部第三海洋研究所	Third Institute of Oceanography，MNR	1	1
国家海洋技术中心	National Ocean Technology Center		
自然资源部天津海水淡化与综合利用研究所	Institute of Seawater Desalination and Multipurpose Utilization，MNR (Tianjin)		
自然资源部海洋发展战略研究所	China Institute for Marine Affairs，MNR		
国家海洋标准计量中心	National Center of Ocean Standards and Metrology		

事业单位和派出机构分列（2023年） 续表1

by Institution and Agency Affiliated to MNR（2023） Continued 1

Unit：person

高层次科技人才培养情况 High-level Scientific and Technological Talented Personnel				高层次科技人员流动情况 Flow of High-level Scientific and Technological Talented Personnel	
部级人才培养工程 Ministerial Level Talent Training Project		省级科技人才计划 Provincial Level Talent Training Plan			
	青年人才（40岁以下） Young Talent (Under 40 Years Old)		青年人才（40岁以下） Young Talent (Under 40 Years Old)	新增 Increased	减少 Reduced
1	1				
1	1	1		2	
3	2				
3	1				
1	1				
2	2			2	
4	2	1	1	4	
58	**14**	**10**	**4**	**46**	**3**
8					
1	1			1	
2					
1	1				
2	1	3	1	6	
4	2	2	1		
1	1			38	1

自然资源科技人才情况——按部属

Natural Resources Scientific and Technological Talented Personnel

单位：人

单　位	Agency	国家级科技人才 National Talent Plan (Current Number)	青年人才（40岁以下） Young Talent (Under 40 Years Old)
国家海洋环境预报中心（自然资源部海啸预警中心）	National Marine Environmental Forecasting Center (Tsunami Warning Center, MNR)		
国家海洋信息中心	National Oceanic Information Center		
自然资源部海岛研究中心	Island Research Center, MNR		
自然资源部海洋减灾中心	National Marine Hazard Mitigation Center, MNR		
自然资源部海洋咨询中心	Oceanic Consulting Center, MNR		
中国极地研究中心（中国极地研究所）	Polar Research Institute of China (China Polar Research Institute)	5	
中国大洋矿产资源研究开发协会办公室（中国大洋事务管理局）	Office of China Ocean Mineral Resources R&D Association (China Oceanic Affairs Administration)		
国家卫星海洋应用中心	National Satellite Ocean Application Service	1	
国家深海基地管理中心	National Deep Sea Center	1	1
自然资源部第四海洋研究所（中国-东盟国家海洋科技联合研发中心）	Fourth Institute of Oceanography, MNR(China- ASEAN Joint Research and Development Center of Marine Science and Technology)		
自然资源部测绘发展研究中心	Surveying and Mapping Development Research Center of MNR		
自然资源部重庆测绘院	Chongqing Institute of Surveying and Mapping, MNR		
中国测绘科学研究院	Chinese Academy of Surveying and Mapping		
国家基础地理信息中心	National Geomatics Center of China	2	1
自然资源部国土卫星遥感应用中心	Land Satellite Remote Sensing Application Center, MNR		
国家测绘产品质量检验测试中心	National Quality Inspection and Testing Center for Surveying and Mapping Products		
国家珠宝玉石首饰检验集团有限公司	National Gems & Jewelry Testing Co., Ltd.		
自然资源部国土空间规划研究中心	Research Center for Land and Spatial Planning, MNR		
自然资源部地图技术审查中心	Map Supervison Center, MNR		
派出机构及所属单位	**Dispatched Office and Affiliated Unit**		
陕西测绘地理信息局	Shaanxi Bureau of Surveying,Mapping and Geoinformation		
黑龙江测绘地理信息局	Heilongjiang Bureau of Surveying and Mapping Geographic Information		
四川测绘地理信息局	Sichuan Bureau of Surveying, Mapping and Geoinformation		
海南测绘地理信息局	Hainan Administration of Surveying Mapping and Geoinformation		
自然资源部北海局	North China Sea Bureau, MNR		
自然资源部东海局	East China Sea Bureau, MNR		
自然资源部南海局	South China Sea Bureau, MNR		

事业单位和派出机构分列（2023年） 续表2
by Institution and Agency Affiliated to MNR（2023） Continued 2

Unit：person

	高层次科技人才培养情况 High-level Scientific and Technological Talented Personnel				高层次科技人员流动情况 Flow of High-level Scientific and Technological Talented Personnel	
	部级人才培养工程 Ministerial Level Talent Training Project		省级科技人才计划 Provincial Level Talent Training Plan			
		青年人才（40岁以下） Young Talent (Under 40 Years Old)		青年人才（40岁以下） Young Talent (Under 40 Years Old)	新增 Increased	减少 Reduced
						1
	5	3				
	1	1				1
	7	1	1	1		
	4					
	1	1	1	1	1	
	2					
			1			
			2			
	15	2				
	3					
	1					
	8	**1**	**2**	**1**	**1**	**2**
	2					1
	2					
					1	1
	4	1				
			2	1		

自然资源科技研发情况

Natural Resources Scientific and Technological

单 位	Department	科技研发与投入 Scientific and Technological Research and Development and Its Input					
		科研项目/项 Number of Scientific Project/project			科研项目年度经费总数/万元 Total of Scientific Research Project Fund This Year/10^4 yuan		
			国家级 State Level	省级 Provincial Level		国家级 State Level	省级 Provincial Level
总 计	**Total**	**1247**	**137**	**1110**	**85407.35**	**14510.66**	**70896.69**
北京市规划和自然资源委员会	Beijing Municipal Commission of Planning and Natural Resources	22		22	7341.90		7341.90
天津市规划和自然资源局	Tianjin Municipal Bureau of Planning and Natural Resources	6	3	3	203.96	133.26	70.70
河北省自然资源厅（海洋局）	Department of Natural Resources of Hebei Province(Ocean Bureau)	4		4	530.29		530.29
山西省自然资源厅	Department of Natural Resources of Shanxi Province	10		10	2655.58		2655.58
内蒙古自治区自然资源厅	Department of Natural Resources of Inner Mongolia Autonomous Region	36	1	35	14894.35	231.50	14662.85
辽宁省自然资源厅	Department of Natural Resources of Liaoning Province						
吉林省自然资源厅	Department of Natural Resources of Jilin Province						
黑龙江省自然资源厅	Department of Natural Resources of Heilongjiang Province	22	3	19	199.74		199.74
上海市规划和自然资源局	Shanghai Municipal Bureau of Planning and Natural Resources	33	5	28	357.60	65.00	292.60
江苏省自然资源厅	Department of Natural Resources of Jiangsu Province	111	4	107	5740.00	400.00	5340.00
浙江省自然资源厅	Department of Natural Resources of Zhejiang Province	23	7	16	477.90	257.30	220.60
安徽省自然资源厅	Department of Natural Resources of Anhui Province	26	2	24	292.09	14.50	277.59
福建省自然资源厅	Department of Natural Resources of Fujian Province	18	1	17	838.00	30.00	808.00
江西省自然资源厅	Department of Natural Resources of Jiangxi Province	37		37	1672.00		1672.00
山东省自然资源厅（山东省林业局）	Department of Natural Resources of Shandong Province (Forestry Bureau of Shandong Province)	90	16	74	9408.34	3480.64	5927.70
河南省自然资源厅	Department of Natural Resources of Henan Province	61		61	1617.91		1617.91
湖北省自然资源厅	Department of Natural Resources of Hubei Province	15		15	479.50		479.50

——按单位分列（2023年）

Research and Development by Department（2023）

科技基础条件平台建设/个 Construction of Scientific and Technological Infrastructure Platform/number															
重点实验室 Key Laboratory				工程技术创新中心 Engineering Technology Innovation Center				野外科学观测研究站 Field Scientific Observation and Research Station				科普基地 Science Popularization Base			
	国家级 State Level	部级 Ministerial Level	省级 Provincial Level		国家级 State Level	部级 Ministerial Level	省级 Provincial Level		国家级 State Level	部级 Ministerial Level	省级 Provincial Level		国家级 State Level	部级 Ministerial Level	省级 Provincial Level
103	**3**	**71**	**29**	**167**	**2**	**58**	**107**	**73**		**64**	**9**	**268**	**44**	**141**	**83**
7		4	3	8		5	3	3		3		4	1	3	
1			1	4		2	2	1		1		2		1	1
1		1		4			4	2		2		13	1	9	3
1		1		2		1	1	2		2		7	1	5	1
1			1					1		1		9	1	8	
1		1		1		1		1		1		7	2	5	
4		4		2		2		3		3		7		7	
4	1	1	2	4		1	3	3		1	2	9	4	1	4
4		4		3		3						1	1		
5		5		15		4	11	7		6	1	28	5	8	15
2		2		3		2	1	2		2		10	3	5	2
1		1		1		1		1		1		8	2	5	1
3		2	1	1		1		2		2		6		6	
2		2		3		1	2	1		1		5	1	4	
11		7	4	28		8	20	9		9		26	3	13	10
8		4	4	35		2	33	3		3		13	4	4	5
7		7		5		5		1		1		9		8	1

自然资源科技研发情况

Natural Resources Scientific and Technological

单位	Department	科技研发与投入 Scientific and Technological Research and Development and Its Input					
		科研项目/项 Number of Scientific Project/project			科研项目年度经费总数/万元 Total of Scientific Research Project Fund This Year/10^4 yuan		
			国家级 State Level	省级 Provincial Level		国家级 State Level	省级 Provincial Level
湖南省自然资源厅	Department of Natural Resources of Hunan Province	71		71	1159.89		1159.89
广东省自然资源厅	Department of Natural Resources of Guangdong Province	43	6	37	3613.03	274.07	3338.96
广西壮族自治区自然资源厅	Department of Natural Resources of Guangxi Zhuang Autonomous Region	45		45	2031.10		2031.10
海南省自然资源和规划厅	Department of Natural Resources and Planning of Hainan Province	2		2	14.00		14.00
重庆市规划和自然资源局	Chongqing Municipal Bureau of Planning and Natural Resources	154	12	142	4743.88	1776.80	2967.08
四川省自然资源厅	Department of Natural Resources of Sichuan Province	20		20	188.34		188.34
贵州省自然资源厅	Department of Natural Resources of Guizhou Province	49	4	45	9014.77	19.27	8995.50
云南省自然资源厅	Department of Natural Resources of Yunnan Province	9	2	7	565.90	63.40	502.50
西藏自治区自然资源厅	Department of Natural Resources of Xizang Autonomous Region						
陕西省自然资源厅	Department of Natural Resources of Shaanxi Province	178	65	113	9921.03	4899.92	5021.11
甘肃省自然资源厅	Department of Natural Resources of Gansu Province	1	1		200.00	200.00	
青海省自然资源厅	Department of Natural Resources of Qinghai Province	53	3	50	6056.51	2650.00	3406.51
宁夏回族自治区自然资源厅	Department of Natural Resources of Ningxia Hui Autonomous Region	25	1	24	531.74		531.74
新疆维吾尔自治区自然资源厅	Department of Natural Resources of Xinjiang Uygur Autonomous Region	4	1	3	59.00	15.00	44.00
上海市海洋局	Shanghai Municipal Oceanic Bureau	2		2	60.00		60.00
福建省海洋与渔业局	Fujian Provincial Department of Ocean and Fisheries	77		77	539.00		539.00
厦门市海洋发展局	Xiamen Municipal Marine Development Bureau						
山东省海洋局	Oceanic Administration of Shandong Province						
青岛市海洋发展局	Qingdao Municipal Marine Development Bureau						

——按单位分列（2023年） 续表
Research and Development by Department（2023） Continued

科技基础条件平台建设/个 Construction of Scientific and Technological Infrastructure Platform/number															
重点实验室 Key Laboratory				工程技术创新中心 Engineering Technology Innovation Center				野外科学观测研究站 Field Scientific Observation and Research Station				科普基地 Science Popularization Base			
	国家级 State Level	部级 Ministerial Level	省级 Provincial Level		国家级 State Level	部级 Ministerial Level	省级 Provincial Level		国家级 State Level	部级 Ministerial Level	省级 Provincial Level		国家级 State Level	部级 Ministerial Level	省级 Provincial Level
4		2	2	6		1	5	3		3		12	2	5	5
8	2	5	1	5		2	3	2		2		23	2	5	16
2		1	1	3		2	1					8		4	4
												4	2	1	1
7		5	2	9	1	2	6	6		4	2	6	2	2	2
3		3		5		5		6		6		4		4	
2		1	1	2		1	1	1		1		12	1	8	3
4		2	2	1			1	5		2	3	8	1	6	1
												2		1	1
5		5		5		2	3	2		1	1	7	3	2	2
1		1		4		1	3	2		2		3		3	
3			3	3		1	2					6	2	1	3
								1		1		2		2	
				3		2	1	3		3		5		5	
1			1	2	1		1					2			2

自然资源科技研发情况——按部属

Natural Resources Scientific and Technological Research

单 位	Agency	科技研发与投入 Scientific and Technological Research and Development and Its Input					
		科研项目/项 Number of Scientific Project/project			科研项目年度经费总数/万元 Total of Scientific Research Project Fund This Year/10^4 yuan		
			国家级 State Level	省级 Provincial Level		国家级 State Level	省级 Provincial Level
总 计	**Total**	**1831**	**1125**	**706**	**107827.46**	**85337.84**	**22489.62**
中国地质调查局	**China Geological Survey**	**929**	**572**	**357**	**54545.82**	**43628.85**	**10916.97**
中国地质科学院	Chinese Academy of Geological Sciences	52	44	8	1278.72	1053.25	225.47
中国地质调查局自然资源综合调查指挥中心	Natural Resources Comprehensive Investigation Command Center，CGS	21	1	20	683.50	12.00	671.50
中国地质调查局发展研究中心（全国地质资料馆、自然资源部矿产勘查技术指导中心）	Development Research Center，CGS（National Geological Data Center，Mineral Exploration Technology Guidance Center of MNR）	8	8		240.00	240.00	
中国地质调查局天津地质调查中心（华北地质科技创新中心）	Tianjin Geological Survey Center，CGS (Northern China Geological Science and Technology Innovation Center)	20	19	1	2419.38	2411.38	8.00
中国地质调查局沈阳地质调查中心（东北地质科技创新中心）	Shenyang Geological Survey Center，CGS (Northeastern China Geological Science and Technology Innovation Center)	10	10		885.50	885.50	
中国地质调查局南京地质调查中心（华东地质科技创新中心）	Nanjing Geological Survey Center，CGS (Eastern China Geological Science and Technology Innovation Center)	8	6	2	1907.50	1507.50	400.00
中国地质调查局武汉地质调查中心（中南地质科技创新中心）	Wuhan Geological Survey Center，CGS (Central-South China Geological Science and Technology Innovation Center)	11	4	7	248.00	175.00	73.00
中国地质调查局成都地质调查中心（西南地质科技创新中心）	Chengdu Geological Survey Center，CGS (Southwestern China Geological Science and Technology Innovation Center)	45	27	18	3087.90	2269.00	818.90
中国地质调查局西安地质调查中心（西北地质科技创新中心）	Xi'an Geological Survey Center，CGS (Northwestern China Geological Science and Technology Innovation Center)	61	15	46	508.90	277.60	231.30
广州海洋地质调查局	Guangzhou Marine Geological Survey，CGS	42	16	26	12762.00	9132.00	3630.00
青岛海洋地质研究所	Qingdao Institute of Marine Geology，CGS	59	32	27	534.72	491.72	43.00
中国自然资源航空物探遥感中心	China Aero Geophysical Survey & Remote Sensing Center for Natural Resources	22	22		1957.02	1957.02	
中国地质科学院地球物理地球化学勘查研究所	Institute of Geophysical and Geochemical Exploration，CAGS	57	19	38	1449.00	368.00	1081.00
中国地质调查局油气资源调查中心	Oil and Gas Resources Survey Center，CGS	9	8	1	148.00	145.00	3.00
中国地质科学院地质研究所	Institute of Geology，CAGS	137	137		11666.20	11666.20	
中国地质科学院矿产资源研究所	Institute of Mineral Resources，CAGS	63	61	2	4298.00	4171.00	127.00
中国地质科学院地质力学研究所	Institute of Geomechanics，CAGS	48	48		1485.00	1485.00	
中国地质环境监测院（自然资源部地质灾害应急技术指导中心）	China Geological Environment Monitoring Institute (Center for Geological Disaster Emergency Technical Guidance of MNR)	9	9		1580.50	1580.50	
中国地质调查局水文地质环境地质调查中心	Hydrogeological and Environmental Geological Survey Center，CGS	3	3		290.00	290.00	
中国地质科学院水文地质环境地质研究所	Institute of Hydrogeology and Environmental Geology，CAGS	116	20	96	2155.00	897.00	1258.00

事业单位和派出机构分列（2023年）
and Development by Institution and Agency Affiliated to MNR（2023）

科技基础条件平台建设/个 Construction of Scientific and Technological Infrastructure Platform/number															
重点实验室 Key Laboratory				工程技术创新中心 Engineering Technology Innovation Center				野外科学观测研究站 Field Scientific Observation and Research Station				科普基地 Science Popularization Base			
	国家级 State Level	部级 Ministerial Level	省级 Provincial Level		国家级 State Level	部级 Ministerial Level	省级 Provincial Level		国家级 State Level	部级 Ministerial Level	省级 Provincial Level		国家级 State Level	部级 Ministerial Level	省级 Provincial Level
69	**3**	**49**	**17**	**58**	**7**	**37**	**14**	**49**	**9**	**35**	**5**	**53**	**19**	**22**	**12**
33	**1**	**24**	**8**	**28**	**3**	**18**	**7**	**30**	**4**	**24**	**2**	**29**	**8**	**17**	**4**
1		1		2		2						3		3	
1		1		2		1	1	6		4	2	3		1	2
1			1												
2		1	1	1		1		1		1					
1		1		1		1									
2			2					1		1		3		2	1
1		1						1		1		1	1		
2		2		2		1	1	4		4		1		1	
2		1	1	3	1	1	1					1		1	
1		1		2		1	1	1		1		4	2	1	1
1		1		2		2						1	1		
2		2		1	1										
2	1		1					1		1					
3		3						2	1	1		2		2	
2		2						1		1		2		2	
2		2		1		1		2		2		2	1	1	
1		1		1		1		4	1	3		2		2	
				2		1	1	1		1					
3		1	2	1		1		1	1			1	1		

自然资源科技研发情况——按部属

Natural Resources Scientific and Technological Research and

单 位	Agency	科技研发与投入 Scientific and Technological Research and Development and Its Input					
		科研项目/项 Number of Scientific Project/project			科研项目年度经费总数/万元 Total of Scientific Research Project Fund This Year/10^4 yuan		
			国家级 State Level	省级 Provincial Level		国家级 State Level	省级 Provincial Level
中国地质科学院岩溶地质研究所	Institute of Karst Geology，CAGS	67	19	48	1082.27	391.97	690.30
自然资源实物地质资料中心	Cores and Samples Center of Natural Resources	2	2		262.00	262.00	
中国地质图书馆（中国地质调查局地学文献中心）	National Geological Library of China（Geoscience Documentation Center，CGS）						
中国矿业报社	China Mining News						
国家地质实验测试中心	National Research Center for Geoanalysis	33	33		1338.21	1338.21	
中国地质科学院勘探技术研究所	Institute of Exploration Techniques，CAGS	1	1		18.00	18.00	
北京探矿工程研究所	Beijing Institute of Exploration Engineering，CAGS						
中国地质科学院探矿工艺研究所	Institute of Exploration Technology，CAGS	5	4	1	272.00	192.00	80.00
中国地质科学院郑州矿产综合利用研究所	Zhengzhou Institute of Multipurpose Utilization of Mineral Resources，CAGS	4	3	1	322.00	312.00	10.00
中国地质科学院矿产综合利用研究所	Institute of Multipurpose Utilization of Mineral Resources，CAGS	16	1	15	1666.50	100.00	1566.50
部其他直属单位	**Agency Affiliated to MNR**	**842**	**528**	**314**	**49924.64**	**39862.64**	**10062.00**
中国国土勘测规划院	China Land Surveying and Planning Institute	7	7		216.53	216.53	
中国自然资源经济研究院	Chinese Academy of Natural Resources Economics	13		13	239.90		239.90
中国自然资源部不动产登记中心（自然资源部法律事务中心）	Real Estate Registration Center，MNR(Law Center，MNR)						
自然资源部油气资源战略研究中心	Strategic Research Center of Oil and Gas Resources，MNR						
自然资源部国土整治中心（自然资源部土地科技创新中心）	China Land Consolidation and Rehabilitation (Land Science and Technology Innovation Center，MNR)	7	7		238.00	238.00	
中国地质博物馆	Geological Museum of China	2	2		82.00	82.00	
自然资源部信息中心	Information Center，MNR	2		2	267.91		267.91
自然资源部咨询研究中心	Consulting and Research Center，MNR						
自然资源部第一海洋研究所	First Institute of Oceanography，MNR	180	107	73	8254.70	6202.70	2052.00
自然资源部第二海洋研究所	Second Institute of Oceanography，MNR	198	166	32	12636.00	11163.00	1473.00
自然资源部第三海洋研究所	Third Institute of Oceanography，MNR	190	108	82	3623.61	3246.11	377.50
国家海洋技术中心	National Ocean Technology Center	3	3		54.00	54.00	
自然资源部天津海水淡化与综合利用研究所	Institute of Seawater Desalination and Multipurpose Utilization，MNR (Tianjin)	18	6	12	362.00	30.00	332.00
自然资源部海洋发展战略研究所	China Institute for Marine Affairs，MNR	1		1	456.00		456.00
国家海洋标准计量中心	National Center of Ocean Standards and Metrology	5	4	1	910.30	110.00	800.30
国家海洋环境预报中心（自然资源部海啸预警中心）	National Marine Environmental Forecasting Center (Tsunami Warning Center，MNR)	20	20		500.00	500.00	
国家海洋信息中心	National Oceanic Information Center	8	8		611.60	611.60	

事业单位和派出机构分列（2023年） 续表1
Development by Institution and Agency Affiliated to MNR（2023） Continued 1

科技基础条件平台建设/个 Construction of Scientific and Technological Infrastructure Platform/number															
重点实验室 Key Laboratory				工程技术创新中心 Engineering Technology Innovation Center				野外科学观测研究站 Field Scientific Observation and Research Station				科普基地 Science Popularization Base			
	国家级 State Level	部级 Ministerial Level	省级 Provincial Level		国家级 State Level	部级 Ministerial Level	省级 Provincial Level		国家级 State Level	部级 Ministerial Level	省级 Provincial Level		国家级 State Level	部级 Ministerial Level	省级 Provincial Level
1		1		1			1	2	1	1		1	1		
								1		1		1	1		
												1		1	
1		1													
				1		1									
				1		1									
1		1		2	1	1		1		1					
				2		1	1								
32	**2**	**22**	**8**	**24**	**4**	**16**	**4**	**14**	**4**	**9**	**1**	**20**	**11**	**4**	**5**
2	1	1		2	1	1									
1		1													
1		1													
1		1		1		1									
												6	4	1	1
				1		1									
6		4	2	1		1		2		2		1	1		
5	1	3	1	1		1		2		2		1			1
5		2	3	2		1	1	3		2	1				
1		1						1		1		1	1		
				3	2		1					1			1
				1		1									
1		1													
1		1		1		1		1		1		4	2	2	

自然资源科技研发情况——按部属

Natural Resources Scientific and Technological Research and

单位	Agency	科技研发与投入 Scientific and Technological Research and Development and Its Input					
		科研项目/项 Number of Scientific Project/project			科研项目年度经费总数/万元 Total of Scientific Research Project Fund This Year/10^4 yuan		
			国家级 State Level	省级 Provincial Level		国家级 State Level	省级 Provincial Level
自然资源部海岛研究中心	Island Research Center，MNR	14	2	12	1160.00	1060.00	100.00
自然资源部海洋减灾中心	National Marine Hazard Mitigation Center，MNR	4	4		111.00	111.00	
自然资源部海洋咨询中心	Oceanic Consulting Center，MNR						
中国极地研究中心（中国极地研究所）	Polar Research Institute of China (China Polar Research Institute)	50	31	19	6860.27	6860.27	
中国大洋矿产资源研究开发协会办公室（中国大洋事务管理局）	Office of China Ocean Mineral Resources R&D Association (China Oceanic Affairs Administration)						
国家卫星海洋应用中心	National Satellite Ocean Application Service	6	6		4052.00	4052.00	
国家深海基地管理中心	National Deep Sea Center	10	9	1	4254.00	4239.00	15.00
自然资源部第四海洋研究所（中国-东盟国家海洋科技联合研发中心）	Fourth Institute of Oceanography，MNR(China-ASEAN Joint Research and Development Center of Marine Science and Technology)	41	7	34	213.44	140.44	73.00
自然资源部测绘发展研究中心	Surveying and Mapping Development Research Center，MNR				560.00		560.00
自然资源部重庆测绘院	Chongqing Institute of Surveying and Mapping，MNR						
中国测绘科学研究院	Chinese Academy of Surveying and Mapping	38	13	25	3580.00	431.00	3149.00
国家基础地理信息中心	National Geomatics Center of China	10	5	5	178.62	60.00	118.62
自然资源部国土卫星遥感应用中心	Land Satellite Remote Sensing Application Center，MNR	11	10	1	289.47	289.47	
国家测绘产品质量检验测试中心	National Quality Inspection ant Testing Center for Surveying and Mapping Products	2	1	1	65.29	17.52	47.77
国家珠宝玉石首饰检验集团有限公司	National Gems & Jewelry Testing Co.，Ltd.						
自然资源部国土空间规划研究中心	Research Center for Land and Spatial Planning，MNR	2	2		148.00	148.00	
自然资源部地图技术审查中心	Map Supervison Center，MNR						
派出机构及所属单位	**Dispatched Office and Affiliated Unit**	**60**	**25**	**35**	**3357.00**	**1846.35**	**1510.65**
陕西测绘地理信息局	Shaanxi Bureau of Surveying，Mapping and Geoinformation	1		1	20.00		20.00
黑龙江测绘地理信息局	Heilongjiang Bureau of Surveying and Mapping Geographic Information						
四川测绘地理信息局	Sichuan Bureau of Surveying，Mapping and Geoinformation	6		6	140.00		140.00
海南测绘地理信息局	Hainan Administration of Surveying Mapping and Geoinformation	1		1	68.00		68.00
自然资源部北海局	North China Sea Bureau，MNR	31	17	14	2064.50	1654.50	410.00
自然资源部东海局	East China Sea Bureau，MNR	3	1	2	55.00	30.00	25.00
自然资源部南海局	South China Sea Bureau，MNR	18	7	11	1009.50	161.85	847.65

事业单位和派出机构分列（2023年） 续表2

Development by Institution and Agency Affiliated to MNR（2023） Continued 2

科技基础条件平台建设/个 Construction of Scientific and Technological Infrastructure Platform/number															
重点实验室 Key Laboratory				工程技术创新中心 Engineering Technology Innovation Center				野外科学观测研究站 Field Scientific Observation and Research Station				科普基地 Science Popularization Base			
	国家级 State Level	部级 Ministerial Level	省级 Provincial Level		国家级 State Level	部级 Ministerial Level	省级 Provincial Level		国家级 State Level	部级 Ministerial Level	省级 Provincial Level		国家级 State Level	部级 Ministerial Level	省级 Provincial Level
1			1									1			1
								1		1					
1		1		1		1		3	3			1	1		
1		1		1		1									
				1			1					2	1	1	
2		1	1	1			1					1			1
1		1		1	1			1	1			1	1		
1		1		2		2									
1		1		1		1									
				1		1									
				1		1									
				1		1									
4		**3**	**1**	**6**		**3**	**3**	**5**	**1**	**2**	**2**	**4**		**1**	**3**
												2			2
				1			1								
				4		2	2								
2		1	1					1		1		1			1
1		1						1		1		1		1	
1		1		1		1		3	1		2				

自然资源科技成果情况

Natural Resources Scientific and

单 位	Department	科技成果登记数/项 Number of Scientific and Technological Achievement Registered/project					发表科技论文/篇 Publication of Scientific and Technological Paper/paper					出版科技著作/部 Publication of Scientific and Technological Works/ monograph
			在部科技成果管理机构登记 Registration in the Ministry Administration of Scientific and Technological Achievement	应用技术成果 Application of Technical Achievement	在地方政府科技成果管理机构登记 Registration in the Local Government Administration of Scientific and Technological Achievement	应用技术成果 Application of Technical Achievement		国内 Domestic	被SCI、EI收录 Indexed in SCI, EI	国际 International	被SCI、EI、ISTP收录 Indexed in SCI, EI, and ISTP	
总 计	**Total**	**564**	**291**	**217**	**273**	**148**	**7686**	**6799**	**402**	**887**	**827**	**232**
北京市规划和自然资源委员会	Beijing Municipal Commission of Planning and Natural Resources	36			36		240	211	11	29	22	7
天津市规划和自然资源局	Tianjin Municipal Bureau of Planning and Natural Resources	3	2	2	1	1	219	217	11	2	2	2
河北省自然资源厅（海洋局）	Department of Natural Resources of Hebei Province (Ocean Bureau)	2	1	1	1	1	44	43	1	1		3
山西省自然资源厅	Department of Natural Resources of Shanxi Province	1	1	1			53	53	1			9
内蒙古自治区自然资源厅	Department of Natural Resources of Inner Mongolia Autonomous Region	2	2				25	23	1	2		6
辽宁省自然资源厅	Department of Natural Resources of Liaoning Province											
吉林省自然资源厅	Department of Natural Resources of Jilin Province											
黑龙江省自然资源厅	Department of Natural Resources of Heilongjiang Province	3			3		32	25	3	7	7	2
上海市规划和自然资源局	Shanghai Municipal Bureau of Planning and Natural Resources	9	9				100	94	2	6	4	1
江苏省自然资源厅	Department of Natural Resources of Jiangsu Province	22	12	10	10	4	254	232	2	22	10	7
浙江省自然资源厅	Department of Natural Resources of Zhejiang Province	48	45	42	3	2	51	46		5	5	15

——按单位分列（2023年）

Technological Achievement by Department（2023）

专利/件 Patent/piece						软件著作权/项 Software Copyright/ project	科技奖项/项 Scientific and Technological Prize/project		科学技术普及 Scientific and Technological Popularization	
本年专利申请受理数 Patent Application Accepted This Year	发明专利 Invention Patent	本年专利授权数 Number of Patent Granted This Year	发明专利 Invention Patent	国外授权 Abroad Authorization	拥有有效发明专利总数 Total Number of Valid Invention Patent		国家级 State Level	省部级 Provincial and Ministerial Level	科普作品/部 Popular Science Works/kind	主题科普活动/项 Thematic Science Popularization Activity/time
2664	**1519**	**2101**	**1004**	**103**	**3388**	**1845**	**23**	**266**	**279**	**2888**
47	26	44	21		101	51	1	10	5	34
117	22	112	22	70	55	35		1	1	32
4	1	5	2		5	11		3	38	52
2	2					6	8	13	19	84
6	1	1	1		6	2		1	2	34
										3
81	10	74	9		65	9	1	1	3	39
13	11	2			18	40		3	1	198
197	126	98	42		271	167		3	8	96
46	37	25	18		48	60		4	3	181

自然资源科技成果情况

Natural Resources Scientific and

单 位	Department	科技成果登记数/项 Number of Scientific and Technological Achievement Registered/project					发表科技论文/篇 Publication of Scientific and Technological Paper/paper					出版科技著作/部 Publication of Scientific and Technological Works/ monograph
			在部科技成果管理机构登记 Registration in the Ministry Administration of Scientific and Technological Achievement	应用技术成果 Application of Technical Achievement	在地方政府科技成果管理机构登记 Registration in the Local Government Administration of Scientific and Technological Achievement	应用技术成果 Application of Technical Achievement		国内 Domestic	被SCI、EI收录 Indexed in SCI, EI	国际 International	被SCI、EI、ISTP收录 Indexed in SCI, EI, and ISTP	
安徽省自然资源厅	Department of Natural Resources of Anhui Province	7	3	2	4	1	167	167	9			1
福建省自然资源厅	Department of Natural Resources of Fujian Province	1	1	1			123	122	4	1	1	1
江西省自然资源厅	Department of Natural Resources of Jiangxi Province	10	7		3	3	74	64	1	10	8	44
山东省自然资源厅（山东省林业局）	Department of Natural Resources of Shandong Province (Forestry Bureau of Shandong Province)	89	55	48	34	26	585	487	10	98	92	54
河南省自然资源厅	Department of Natural Resources of Henan Province	23	11	11	12	12	314	312	10	2	2	18
湖北省自然资源厅	Department of Natural Resources of Hubei Province	7	5	4	2	2	38	38				
湖南省自然资源厅	Department of Natural Resources of Hunan Province	33	29	29	4	1	148	143	5	5	5	5
广东省自然资源厅	Department of Natural Resources of Guangdong Province	13	9	6	4	4	957	917	11	40	35	6
广西壮族自治区自然资源厅	Department of Natural Resources of Guangxi Zhuang Autonomous Region	36	8	8	28	14	118	106		12	7	1
海南省自然资源和规划厅	Department of Natural Resources and Planning of Hainan Province											1
重庆市规划和自然资源局	Chongqing Municipal Bureau of Planning and Natural Resources	145	70	35	75	58	256	236	18	20	19	6
四川省自然资源厅	Department of Natural Resources of Sichuan Province	1			1		67	67	6			1

——按单位分列（2023年） 续表1
Technological Achievement by Department（2023） Continued 1

专利/件 Patent/piece						软件著作权/项 Software Copyright/project	科技奖项/项 Scientific and Technological Prize/project		科学技术普及 Scientific and Technological Popularization	
本年专利申请受理数 Patent Application Accepted This Year		本年专利授权数 Number of Patent Granted This Year			拥有有效发明专利总数 Total Number of Valid Invention Patent		国家级 State Level	省部级 Provincial and Ministerial Level	科普作品/部 Popular Science Works/kind	主题科普活动/项 Thematic Science Popularization Activity/time
	发明专利 Invention Patent		发明专利 Invention Patent	国外授权 Abroad Authorization						
9	8	5	1		10	68		2	5	313
18	12	28	11		26	34		1		44
28	24	13	9		55	18			2	21
616	477	710	470	2	1113	178		2	17	151
112	66	66	21		248	48		2	24	36
5	3	2	2		4	18	2	10	18	10
24	16	15	11		31	131		13	5	456
372	256	166	104	3	271	413	10	149	54	486
60	46	28	18		61	86		3	3	47
						11				10
238	122	195	105	15	340	153		16	11	120
1						3		1	7	24

自然资源科技成果情况

Natural Resources Scientific and

单 位	Department	科技成果登记数/项 Number of Scientific and Technological Achievement Registered/project					发表科技论文/篇 Publication of Scientific and Technological Paper/paper					出版科技著作/部 Publication of Scientific and Technological Works/ monograph
			在部科技成果管理机构登记 Registration in the Ministry Administration of Scientific and Technological Achievement		在地方政府科技成果管理机构登记 Registration in the Local Government Administration of Scientific and Technological Achievement			国内 Domestic		国际 International		
				应用技术成果 Application of Technical Achievement		应用技术成果 Application of Technical Achievement			被SCI、EI收录 Indexed in SCI, EI		被SCI、EI、ISTP收录 Indexed in SCI, EI, and ISTP	
贵州省自然资源厅	Department of Natural Resources of Guizhou Province	24	6	6	18	1	249	227	20	22	22	2
云南省自然资源厅	Department of Natural Resources of Yunnan Province	4	3	3	1	1	80	74	5	6	6	9
西藏自治区自然资源厅	Department of Natural Resources of Xizang Autonomous Region											
陕西省自然资源厅	Department of Natural Resources of Shaanxi Province	19	6	2	13	3	3094	2545	251	549	536	10
甘肃省自然资源厅	Department of Natural Resources of Gansu Province						8	8				
青海省自然资源厅	Department of Natural Resources of Qinghai Province	23	6	6	17	11	231	205	17	26	26	20
宁夏回族自治区自然资源厅	Department of Natural Resources of Ningxia Hui Autonomous Region	1			1	1	38	29	1	9	7	
新疆维吾尔自治区自然资源厅	Department of Natural Resources of Xinjiang Uygur Autonomous Region	1			1	1	13	12		1	1	1
新疆生产建设兵团自然资源局	Natural Resources Bureau of Xinjiang Production and Construction Corps						20	19		1	1	
上海市海洋局	Shanghai Municipal Oceanic Bureau	1			1	1	15	14		1	1	
福建省海洋与渔业局	Fujian Provincial Department of Ocean and Fisheries						70	61		9	7	
厦门市海洋发展局	Xiamen Municipal Marine Development Bureau						3	2	2	1	1	
山东省海洋局	Oceanic Administration of Shandong Province											
青岛市海洋发展局	Qingdao Municipal Marine Development Bureau											

——按单位分列（2023年） 续表2

Technological Achievement by Department（2023） Continued 2

专利/件 Patent/piece						软件著作权/项 Software Copyright/project	科技奖项/项 Scientific and Technological Prize/project		科学技术普及 Scientific and Technological Popularization	
本年专利申请受理数 Patent Application Accepted This Year	发明专利 Invention Patent	本年专利授权数 Number of Patent Granted This Year	发明专利 Invention Patent	国外授权 Abroad Authorization	拥有有效发明专利总数 Total Number of Valid Invention Patent		国家级 State Level	省部级 Provincial and Ministerial Level	科普作品/部 Popular Science Works/kind	主题科普活动/项 Thematic Science Popularization Activity/time
65	12	31	11		89	65		7	23	107
120	37	82	15		42	84		2	7	14
261	91	241	58	1	268	36		3	8	68
3	3	1	1		2					
138	57	95	23	12	114	51		12	3	173
22	11	11	4		9	40		3	9	17
		1	1		2	6				4
						13				
						7	1		1	7
59	42	50	24		134	1		1	2	
										24
										3

自然资源科技成果情况——按部属
Natural Resources Scientific and Technological

单 位	Department	科技成果登记数/项 Number of Scientific and Technological Achievement Registered/project	在部科技成果管理机构登记 Registration in the Ministry Administration of Scientific and Technological Achievement	应用技术成果 Application of Technical Achievement	在地方政府科技成果管理机构登记 Registration in the Local Government Administration of Scientific and Technological Achievement	应用技术成果 Application of Technical Achievement	发表科技论文/篇 Publication of Scientific and Technological Paper/paper	国内 Domestic	被SCI、EI收录 Indexed in SCI, EI	国际 International	被SCI、EI、ISTP收录 Indexed in SCI, EI,and ISTP	出版科技著作/部 Publication of Scientific and Technolog-ical Works/ monograph
总 计	**Total**	**495**	**251**	**122**	**244**	**165**	**4607**	**2776**	**423**	**1831**	**1782**	**245**
中国地质调查局	**China Geological Survey**	**258**	**114**	**36**	**144**	**113**	**2706**	**1761**	**324**	**945**	**938**	**147**
中国地质科学院	Chinese Academy of Geological Sciences	4	4				115	68	15	47	47	3
中国地质调查局自然资源综合调查指挥中心	Natural Resources Comprehensive Investigation Command Center, CGS	18	2		16	6	373	264	26	109	109	19
中国地质调查局发展研究中心（全国地质资料馆、自然资源部矿产勘查技术指导中心）	Development Research Center, CGS（National Geological Data Center and Mineral Exploration Technology Guidance Center，MNR）	4	4				54	40	1	14	9	13
中国地质调查局天津地质调查中心（华北地质科技创新中心）	Tianjin Geological Survey Center, CGS（Northern China Geological Science and Technology Innovation Center）						84	61	6	23	21	6
中国地质调查局沈阳地质调查中心（东北地质科技创新中心）	Shenyang Geological Survey Center, CGS（Northeastern China Geological Science and Technology Innovation Center）	8	8				15	13	13	2	2	6
中国地质调查局南京地质调查中心（华东地质科技创新中心）	Nanjing Geological Survey Center, CGS（Eastern China Geological Science and Technology Innovation Center）	9	9				93	67	4	26	26	2
中国地质调查局武汉地质调查中心（中南地质科技创新中心）	Wuhan Geological Survey Center, CGS（Central-South China Geological Science and Technology Innovation Center）	13	8		5	5	108	66	13	42	42	15

事业单位和派出机构分列（2023年）

Achievement by Institution and Agency Affiliated to MNR（2023）

专利/件 Patent/piece 本年专利申请受理数 Patent Application Accepted This Year	发明专利 Invention Patent	本年专利授权数 Number of Patent Granted This Year	发明专利 Invention Patent	国外授权 Abroad Authorization	拥有有效发明专利总数 Total Number of Valid Invention Patent	软件著作权/项 Software Copyright/project	科技奖项/项 Scientific and Technological Prize/project 国家级 State Level	省部级 Provincial and Ministerial Level	科学技术普及 Scientific and Technological Popularization 科普作品/部 Popular Science Works/kind	主题科普活动/项 Thematic Science Popularization Activity/time
1668	**1176**	**1447**	**956**	**42**	**4540**	**797**	**1**	**69**	**443**	**704**
1108	**655**	**895**	**464**	**26**	**2220**	**409**		**22**	**393**	**488**
22	18	23	20	8	45	6			8	14
320	92	253	18	3	17	121		1	111	154
1	1	1	1		16				1	2
2	1	2	1		3	3		1	11	8
6	1	3	1		4			1	2	12
28	11	10	4		12	80		3	2	13
13	8	26	19	7	64	6			9	15

自然资源科技成果情况——按部属
Natural Resources Scientific and Technological Achievement

单位	Department	科技成果登记数/项 Number of Scientific and Technological Achievement Registered/project	在部科技成果管理机构登记 Registration in the Ministry Administration of Scientific and Technological Achievement	应用技术成果 Application of Technical Achievement	在地方政府科技成果管理机构登记 Registration in the Local Government Administration of Scientific and Technological Achievement	应用技术成果 Application of Technical Achievement	发表科技论文/篇 Publication of Scientific and Technological Paper/paper	国内 Domestic	被SCI、EI收录 Indexed in SCI, EI	国际 International	被SCI、EI、ISTP收录 Indexed in SCI, EI,and ISTP	出版科技著作/部 Publication of Scientific and Technolog-ical Works/ monograph
中国地质调查局成都地质调查中心（西南地质科技创新中心）	Chengdu Geological Survey Center, CGS（Southwestern China Geological Science and Technology Innovation Center）	2	1	1	1	1	86	55	13	31	31	9
中国地质调查局西安地质调查中心（西北地质科技创新中心）	Xi' an Geological Survey Center, CGS（Northwestern China Geological Science and Technology Innovation Center）	6	5	5	1	1	104	94	13	10	10	3
广州海洋地质调查局	Guangzhou Marine Geological Survey, CGS	3	3				83	30	12	53	53	12
青岛海洋地质研究所	Qingdao Institute of Marine Geology, CGS	5	3	2	2	2	131	52	4	79	79	10
中国自然资源航空物探遥感中心	China Aero Geophysical Survey & Remote Sensing Center for Natural Resources						107	59	10	48	48	5
中国地质科学院地球物理地球化学勘查研究所	Institute of Geophysical and Geochemical Exploration, CAGS	7	7	7			154	103	22	51	51	3
中国地质调查局油气资源调查中心	Oil and Gas Resources Survey Center, CGS	7	7				37	26	6	11	11	3
中国地质科学院地质研究所	Institute of Geology, CAGS	14	14				170	72	37	98	98	2
中国地质科学院矿产资源研究所	Institute of Mineral Resources, CAGS	16	16				216	150	51	66	66	5
中国地质科学院地质力学研究所	Institute of Geomechanics, CAGS	11	11	11			155	81	26	74	74	4
中国地质环境监测院（自然资源部地质灾害应急技术指导中心）	China Geological Environment Monitoring Institute（Center for Geological Disaster Emergency Technical Guidance，MNR）	2	2	2			39	20		19	19	3

事业单位和派出机构分列（2023年） 续表1

by Institution and Agency Affiliated to MNR（2023） Continued 1

专利/件 Patent/piece						软件著作权/项 Software Copyright/ project	科技奖项/项 Scientific and Technological Prize/project		科学技术普及 Scientific and Technological Popularization	
本年专利申请受理数 Patent Application Accepted This Year		本年专利授权数 Number of Patent Granted This Year			拥有有效发明专利总数 Total Number of Valid Invention Patent		国家级 State Level	省部级 Provincial and Ministerial Level	科普作品/部 Popular Science Works/kind	主题科普活动/项 Thematic Science Popularization Activity/time
	发明专利 Invention Patent		发明专利 Invention Patent	国外授权 Abroad Authorization						
8	1	16	8		70	5		1	13	74
24	19	21	15		36	19		2	4	11
99	74	99	74	2	133	9			12	28
64	56	48	40	1	184	16			8	20
53	49	32	19		82	12			3	2
44	19	52	20		48	12		1	7	6
32	32	18	18		64	12		2	17	9
8	2	8	2		23	7		2	11	28
27	22	13	11	1	148	11		1	9	4
29	20	24	18	1	148	13			7	13
31	29	20	17		60	12		1	13	74

自然资源科技成果情况——按部属
Natural Resources Scientific and Technological Achievement

单 位	Department	科技成果登记数/项 Number of Scientific and Technological Achievement Registered/project					发表科技论文/篇 Publication of Scientific and Technological Paper/paper					出版科技著作/部 Publication of Scientific and Technolog-ical Works/ monograph
			在部科技成果管理机构登记 Registration in the Ministry Administration of Scientific and Technological Achievement	应用技术成果 Application of Technical Achievement	在地方政府科技成果管理机构登记 Registration in the Local Government Administration of Scientific and Technological Achievement	应用技术成果 Application of Technical Achievement		国内 Domestic	被SCI、EI收录 Indexed in SCI, EI	国际 International	被SCI、EI、ISTP收录 Indexed in SCI, EI,and ISTP	
中国地质调查局水文地质环境地质调查中心	Hydrogeological and Environmental Geological Survey Center, CGS	2	2				76	76	22			6
中国地质科学院水文地质环境地质研究所	Institute of Hydrogeology and Environmental Geology, CAGS	1			1	1	151	79	9	72	72	4
中国地质科学院岩溶地质研究所	Institute of Karst Geology, CAGS	33	3	3	30	9	95	61	8	34	34	4
自然资源实物地质资料中心	Cores and Samples Center of Natural Resources						29	26	2	3	3	1
中国地质图书馆（中国地质调查局地学文献中心）	National Geological Library of China（Geoscience Documentation Center, CGS）						16	14		2	2	
中国矿业报社	China Mining News						9	7		2	2	5
国家地质实验测试中心	National Research Center for Geoanalysis						33	25	1	8	8	1
中国地质科学院勘探技术研究所	Institute of Exploration Techniques, CAGS	5	5	5			31	31	5			
北京探矿工程研究所	Beijing Institute of Exploration Engineering, CAGS						32	32	4			
中国地质科学院探矿工艺研究所	Institute of Exploration Technology, CAGS						23	19	1	4	4	1
中国地质科学院郑州矿产综合利用研究所	Zhengzhou Institute of Multipurpose Utilization of Mineral Resources, CAGS	88			88	88	43	32		11	11	2
中国地质科学院矿产综合利用研究所	Institute of Multipurpose Utilization of Mineral Resources, CAGS						44	38		6	6	
部其他直属单位	**Agency Affiliated to MNR**	**158**	**109**	**59**	**49**	**31**	**1524**	**677**	**75**	**847**	**805**	**86**
中国国土勘测规划院	China Land Surveying and Planning Institute	4			4		22	19	12	3	1	7

事业单位和派出机构分列（2023年） 续表2

by Institution and Agency Affiliated to MNR（2023） Continued 2

专利/件 Patent/piece						软件著作权/项 Software Copyright/ project	科技奖项/项 Scientific and Technological Prize/project		科学技术普及 Scientific and Technological Popularization	
本年专利申请受理数 Patent Application Accepted This Year		本年专利授权数 Number of Patent Granted This Year			拥有有效发明专利总数 Total Number of Valid Invention Patent		国家级 State Level	省部级 Provincial and Ministerial Level	科普作品/部 Popular Science Works/kind	主题科普活动/项 Thematic Science Popularization Activity/time
	发明专利 Invention Patent		发明专利 Invention Patent	国外授权 Abroad Authorization						
35	18	29	14		168	1				8
60	30	32	26		292	12		2	10	2
31	22	30	13		38			3	7	7
13	8	13	8		49	16			2	13
						5			106	13
6	6	4	4		5	5			11	
7	4	9	4		48	9		1	3	1
61	52	44	34	3	93	9				5
10	5	23	16		51				4	2
10	7	14	11			3			4	6
42	26	17	17		138	2			5	9
22	22	11	11		181	3				3
481	**458**	**488**	**446**	**16**	**2143**	**204**		**40**	**24**	**102**
						3		2		

自然资源科技成果情况——按部属

Natural Resources Scientific and Technological Achievement

单位	Department	科技成果登记数/项 Number of Scientific and Technological Achievement Registered/project					发表科技论文/篇 Publication of Scientific and Technological Paper/paper					出版科技著作/部 Publication of Scientific and Technolog-ical Works/ monograph
			在部科技成果管理机构登记 Registration in the Ministry Administration of Scientific and Technological Achievement	应用技术成果 Application of Technical Achievement	在地方政府科技成果管理机构登记 Registration in the Local Government Administration of Scientific and Technological Achievement	应用技术成果 Application of Technical Achievement		国内 Domestic	被SCI、EI收录 Indexed in SCI, EI	国际 International	被SCI、EI、ISTP收录 Indexed in SCI, EI,and ISTP	
中国自然资源经济研究院	Chinese Academy of Natural Resources Economics	31	22		9	9	92	72		20	7	15
自然资源部不动产登记中心（自然资源部法律事务中心）	Real Estate Registration Center, MNR (Law Center, MNR)	3	3	1			1	1				
自然资源部油气资源战略研究中心	Strategic Research Center of Oil and Gas Resources, MNR	9	9				17	14		3	3	2
自然资源部国土整治中心（自然资源部土地科技创新中心）	China Land Consolidation and Rehabilitation（Land Science and Technology Innovation Center, MNR）	4	4				30	17	3	13	13	3
中国地质博物馆	Geological Museum of China						3	3	2			
自然资源部信息中心	Information Center, MNR	4	4	4			47	47				
自然资源部咨询研究中心	Consulting and Research Center, MNR	8	8				28	28				1
自然资源部第一海洋研究所	First Institute of Oceanography, MNR	11	11	11			284	91	14	193	193	5
自然资源部第二海洋研究所	Second Institute of Oceanography, MNR	1			1		169	9	5	160	160	3
自然资源部第三海洋研究所	Third Institute of Oceanography, MNR	10	5		5	1	305	86		219	219	7
国家海洋技术中心	National Ocean Technology Center	3	3	3			74	56	10	18	15	1
自然资源部天津海水淡化与综合利用研究所	Institute of Seawater Desalination and Multipurpose Utilization, MNR（Tianjin）	1			1	1	40	32		8	8	
自然资源部海洋发展战略研究所	China Institute for Marine Affairs, MNR						17	17				11
国家海洋标准计量中心	National Center of Ocean Standards and Metrology						14	12		2		

事业单位和派出机构分列（2023年） 续表3

by Institution and Agency Affiliated to MNR（2023） Continued 3

专利/件 Patent/piece						软件著作权/项 Software Copyright/ project	科技奖项/项 Scientific and Technological Prize/project		科学技术普及 Scientific and Technological Popularization	
本年专利申请受理数 Patent Application Accepted This Year		本年专利授权数 Number of Patent Granted This Year			拥有有效发明专利总数 Total Number of Valid Invention Patent		国家级 State Level	省部级 Provincial and Ministerial Level	科普作品/部 Popular Science Works/kind	主题科普活动/项 Thematic Science Popularization Activity/time
	发明专利 Invention Patent		发明专利 Invention Patent	国外授权 Abroad Authorization						
					1	2			2	
								1		3
4	4	1	1		3	1			1	2
					6	2		1	9	25
3		1	1		2	8		7		
								2	1	
115	106	141	126	3	503	48				5
80	80	64	63	1	322	2		6		3
24	23	41	38		338	18			3	5
37	37	33	33		159	3		3		3
21	21	30	28		91			1		
2	2	3	1		5	3				

自然资源科技成果情况——按部属

Natural Resources Scientific and Technological Achievement

单 位	Department	科技成果登记数/项 Number of Scientific and Technological Achievement Registered/project	在部科技成果管理机构登记 Registration in the Ministry Administration of Scientific and Technological Achievement	应用技术成果 Application of Technical Achievement	在地方政府科技成果管理机构登记 Registration in the Local Government Administration of Scientific and Technological Achievement	应用技术成果 Application of Technical Achievement	发表科技论文/篇 Publication of Scientific and Technological Paper/paper	国内 Domestic	被SCI、EI收录 Indexed in SCI, EI	国际 International	被SCI、EI、ISTP收录 Indexed in SCI, EI,and ISTP	出版科技著作/部 Publication of Scientific and Technolog-ical Works/ monograph
国家海洋环境预报中心（自然资源部海啸预警中心）	National Marine Environmental Forecasting Center （Tsunami Warning Center, MNR）						69	33	8	36	35	1
国家海洋信息中心	National Oceanic Information Center	7	7	7			48	29		19	11	12
自然资源部海岛研究中心	Island Research Center, MNR						2	2				
自然资源部海洋减灾中心	National Marine Hazard Mitigation Center, MNR	9			9		5	2		3	3	1
自然资源部海洋咨询中心	Oceanic Consulting Center, MNR											
中国极地研究中心（中国极地研究所）	Polar Research Institute of China （China Polar Research Institute）						28	3		25	25	
中国大洋矿产资源研究开发协会办公室（中国大洋事务管理局）	Office of China Ocean Mineral Resources R&D Association （China Oceanic Affairs Administration）											
国家卫星海洋应用中心	National Satellite Ocean Application Service	2	2	2			10	5		5	5	2
国家深海基地管理中心	National Deep Sea Center	20			20	20	16	12		4	4	
自然资源部第四海洋研究所（中国-东盟国家海洋科技联合研发中心）	Fourth Institute of Oceanography, MNR (China-ASEAN Joint Research and Development Center of Marine Science and Technology)						15	1	1	14	14	
自然资源部测绘发展研究中心	Surveying and Mapping Development Research Center of MNR						8	5		3	3	
自然资源部重庆测绘院	Chongqing Institute of Surveying and Mapping, MNR	12	12	12			4	4				
中国测绘科学研究院	Chinese Academy of Surveying and Mapping	17	17	17			79	40	10	39	26	11

事业单位和派出机构分列（2023年） 续表4
by Institution and Agency Affiliated to MNR（2023） Continued 4

专利/件 Patent/piece						软件著作权/项 Software Copyright/project	科技奖项/项 Scientific and Technological Prize/project		科学技术普及 Scientific and Technological Popularization	
本年专利申请受理数 Patent Application Accepted This Year		本年专利授权数 Number of Patent Granted This Year			拥有有效发明专利总数 Total Number of Valid Invention Patent		国家级 State Level	省部级 Provincial and Ministerial Level	科普作品/部 Popular Science Works/kind	主题科普活动/项 Thematic Science Popularization Activity/time
	发明专利 Invention Patent		发明专利 Invention Patent	国外授权 Abroad Authorization						
17	16	17	15		60	3			5	3
8	8	8	8		31					3
					4					
7	5	3	3	3	49	4			1	14
17	16	11	10		49	14				
20	20	8	7	1	47	12		1		
3	3	4	3		4	16		1	1	1
4	3	3	2		3	10				
64	64	72	64	8	295	15		10		

自然资源科技成果情况——按部属

Natural Resources Scientific and Technological Achievement

单 位	Department	科技成果登记数/项 Number of Scientific and Technological Achievement Registered/project	在部科技成果管理机构登记 Registration in the Ministry Administration of Scientific and Technological Achievement	应用技术成果 Application of Technical Achievement	在地方政府科技成果管理机构登记 Registration in the Local Government Administration of Scientific and Technological Achievement	应用技术成果 Application of Technical Achievement	发表科技论文/篇 Publication of Scientific and Technological Paper/paper	国内 Domestic	被SCI、EI收录 Indexed in SCI, EI	国际 International	被SCI、EI、ISTP收录 Indexed in SCI, EI,and ISTP	出版科技著作/部 Publication of Scientific and Technolog-ical Works/ monograph
国家基础地理信息中心	National Geomatics Center of China	2	2	2			35	17		18	18	
自然资源部国土卫星遥感应用中心	Land Satellite Remote Sensing Application Center, MNR						40	7	5	33	33	3
国家测绘产品质量检验测试中心	National Quality Inspection ant Testing Center for Surveying and Mapping Products						9	8	3	1	1	
国家珠宝玉石首饰检验集团有限公司	National Gems & Jewelry Testing Co., Ltd.						12	4	2	8	8	1
自然资源部国土空间规划研究中心	Research Center for Land and Spatial Planning, MNR						1	1				
自然资源部地图技术审查中心	Map Supervison Center, MNR											
派出机构及所属单位	**Dispatched Office and Affiliated Unit**	**79**	**28**	**27**	**51**	**21**	**377**	**338**	**24**	**39**	**39**	**12**
陕西测绘地理信息局	Shaanxi Bureau of Surveying, Mapping and Geoinformation	21	4	3	17	10	85	84	4	1	1	
黑龙江测绘地理信息局	Heilongjiang Bureau of Surveying and Mapping Geographic Information	11	8	8	3	3	105	105				
四川测绘地理信息局	Sichuan Bureau of Surveying, Mapping and Geoinformation	15	15	15			39	37		2	2	
海南测绘地理信息局	Hainan Administration of Surveying Mapping and Geoinformation						3	1		2	2	
自然资源部北海局	North China Sea Bureau, MNR						54	49	14	5	5	2
自然资源部东海局	East China Sea Bureau, MNR											
自然资源部南海局	South China Sea Bureau, MNR											

事业单位和派出机构分列（2023年） 续表5

by Institution and Agency Affiliated to MNR（2023） Continued 5

专利/件 Patent/piece						软件著作权/项 Software Copyright/project	科技奖项/项 Scientific and Technological Prize/project		科学技术普及 Scientific and Technological Popularization	
本年专利申请受理数 Patent Application Accepted This Year		本年专利授权数 Number of Patent Granted This Year			拥有有效发明专利总数 Total Number of Valid Invention Patent		国家级 State Level	省部级 Provincial and Ministerial Level	科普作品/部 Popular Science Works/kind	主题科普活动/项 Thematic Science Popularization Activity/time
	发明专利 Invention Patent		发明专利 Invention Patent	国外授权 Abroad Authorization						
8	8	15	15		68	13				
36	35	24	23		84	21				
						4		3	1	
11	7	9	5		19	1		2		35
						1				
79	**63**	**64**	**46**		**177**	**184**	**1**	**7**	**26**	**114**
23	17	10	3		10	103				1
5	4	4	3		3	25				
12	12	16	15		44	31			3	9
1	1				1	1				
12	12	10	10		69	6	1	6	17	38
								1	3	14
									3	52

全国省、市、县级自然资源

Number of Provincial, Municipal and County Level

单位：个

地　区	Region	合计 Total
总　计	**Total**	**3378**
北　京	Beijing	18
天　津	Tianjin	19
河　北	Hebei	203
山　西	Shanxi	138
内蒙古	Inner Mongolia	126
辽　宁	Liaoning	114
吉　林	Jilin	59
黑龙江	Heilongjiang	137
上　海	Shanghai	17
江　苏	Jiangsu	136
浙　江	Zhejiang	105
安　徽	Anhui	127
福　建	Fujian	98
江　西	Jiangxi	110
山　东	Shandong	182
河　南	Henan	168
湖　北	Hubei	132
湖　南	Hunan	155
广　东	Guangdong	156
广　西	Guangxi	121
海　南	Hainan	19
重　庆	Chongqing	42
四　川	Sichuan	215
贵　州	Guizhou	111
云　南	Yunnan	149
西　藏	Xizang	82
陕　西	Shaanxi	136
甘　肃	Gansu	103
青　海	Qinghai	51
宁　夏	Ningxia	29
新　疆	Xinjiang	120

管理机构数（2023年）

Natural Resources Management Institution Nationwide（2023）

Unit：number

省级 Provincial Level	市（地）级 Municipal（Prefecture）Level	县（区）级 County（District）Level
32	**365**	**2981**
1		17
1		18
1	12	190
1	11	126
1	14	111
1	14	99
1	10	48
1	13	123
1		16
1	13	122
1	11	93
1	16	110
1	10	87
1	11	98
1	23	158
1	18	149
1	17	114
1	14	140
1	21	134
1	14	106
1	2	16
1		41
1	21	193
1	9	101
1	16	132
1	7	74
1	11	124
1	15	87
1	8	42
1	5	23
2	29	89

主要统计指标解释

高层次科技人才 科技人员指本单位在编人员中从事各类科技活动的人员。高层次科技人员指入选国家级、部级、省级科技人才计划或培养工程的人员数。在高层次科技人员流动中，新增就是报告期内部外单位流入本单位或本单位新入选，减少就是报告期内本单位人员流向部外单位。

国家级科技人才 界定详见《中共自然资源部党组关于深化科技体制改革提升科技创新效能的实施意见》（自然资党发〔2018〕31号）。

部级人才培养工程 指入选自然资源部高层次创新型科技人才培养工程或其他部委有关科技人才培养计划的人员，如交通运输部遴选的交通运输行业科技创新人才。

省级科技人才计划 指入选省教育厅、科技厅、自然资源厅等组织的有关科技人才培养计划人员，如山东省教育厅遴选的泰山学者。

科研项目 指报告期内在研的各类科研项目数，包括报告期内新立项目、已立项正在研究的项目、报告期内结题项目。按照国务院印发的《关于深化中央财政科技计划（专项、基金等）管理改革方案的通知》（国发〔2014〕64号）要求，国家级科研项目指国家自然科学基金、国家科技重大专项、国家重点研发计划、技术创新引导专项（基金）、基地和人才专项五类科技计划项目。省级科技项目指由省科技厅、自然资源厅等批复立项的省级财政经费支持的科技项目。项目数只统计牵头单位承担的在研项目，作为协作单位、外协单位承担的科研项目的课题、专题和任务不在统计之列。科研项目经费指上述科研项目的年度总经费。

重点实验室 指报告期内现有的各类型国家级、省部级实验室。其中：国家级是由科技部批准；部级是由自然资源部或其他部委批准；省级是由省科技厅、自然资源厅等批准。为避免重复统计，只统计以本机构作为依托单位的重点实验室。

工程技术创新中心 指报告期内现有的各类型国家级、省部级工程技术创新中心。其中：国家级是由科技部、国家发展改革委批准的国家工程技术研究中心、国家工程实验室；部级是由自然资源部或其他部委批准；省级是由省科技厅、自然资源厅等批准。为避免重复统计，只统计以本机构作为依托单位的工程技术创新中心。

野外科学观测研究站 指报告期内现有的各类型国家级、省部级野外科学观测研究站。其中：国家级是由科技部批准；部级是由自然资源部或其他部委批准；省级是由省科技厅、自然资源厅等批准。为避免重复统计，只统计以本机构作为依托单位的野外科学观测研究站。

科普基地 指报告期内现有的各类型国家级、省部级科普基地。其中：国家级是由科技部批准；部级是由自然资源部或其他部委批准；省级是由省科技厅、自然资源厅等批准。

科技论文 在国际或在全国性核心期刊上以第一作者身份发表的论文。被SCI、EI、ISTP收录主要指由美国出版的科学引文索引（SCI）、工程索引（EI）和科学技术会议索引（ISTP）三种检索系统收录的科技人员发表的期刊论文和会议论文。

科技著作 指经过正式出版部门编印出版的科技专著、大专院校教科书、科普著作。为避免重复统计，只统计以本机构科技人员为第一作者的论文和著作。同一书名为一部，与书的发行量无关。

本年专利申请受理数 指报告期内本单位向国内外知识产权行政部门提出专利申请并被受理的件数。为避免重复统计，只统计以本机构科技人员为第一作者的专利。

本年专利授权数 指当年由国内外知识产权行政部门授予本单位的专利件数。为避免重复统计，只统计以本机构科技人员为第一作者的专利。

拥有有效发明专利总数 指报告期内本单位作为专利权利人拥有的、经国内外知识产权行政部门授予且在有效期内的发明专利总数。

软件著作权 指软件的开发者或者其他权利人依据有关著作权法律的规定，对于软件作品所享有的各项专有权利。

科技奖项 指报告期内获得的国家级、省部级科技奖励的数目。国家级包括国家自然科学奖、国家技术发明奖、国家科技进步奖；省级指省、自治区、直辖市人民政府设立的省级科学技术奖；部级指国务院有关部门根据国防、国家安全的特殊情况设立的部级科学技术奖，工信部、公安部、国家安全部可以设立部级科学技术奖。国土资源科学技术奖、测绘科学技术奖、海洋科学技术奖等社会力量设奖不属于部级科技奖范畴。

科普作品 指报告期内出版的图书、期刊、音像制品等科普作品。只统计第一作者为本单位科技人员的作品。

主题科普活动 指报告期内本单位作为活动第一承担单位开展的自然资源领域科普活动。

Explanatory Notes on Main Statistical Indicators

High-level Scientific and Technological Talented Personnel—scientific and technological personnel refers to persons who conduct various kinds of scientific and technological activities in the fixed staff and workers in the current units. High-level scientific and technological talented personnel refer to the number of personnel selected for national, ministerial, or provincial-level scientific and technological talent programs or training projects. In the flow of high-level technology personnel, the increase refers to the flow of personnel from external units within the reporting period to this unit or the selection of new personnel within this unit, while the decrease refers to the flow of personnel from this unit to external units within the reporting period.

National Talent Plan—see *the Implementation Opinions of the Party Leadership Group of the Ministry of Natural Resources of the Communist Party of China on Deepening the Reform of the Scientific and Technological System and Improving the Efficiency of Scientific and Technological Innovation* (Natural Resources Party Document 〔2018〕 No.31).

Ministerial Level Talent Training Project—personnel who have been included in the high-level innovative technology talent training project of the Ministry of Natural Resources or other relevant technology talent training plans of the Ministry, such as technology innovation talents selected by the Ministry of Transport in the transportation industry.

Provincial Level Talent Training Plan—the relevant scientific and technological talent training programs selected by the provincial department of education, the department of science and technology, the department of natural resources, and other organizations, such as the Taishan scholars selected by the Shandong Provincial Department of Education.

Number of Scientific Project—the number of various scientific research projects studied during the reporting period, including newly established projects, projects that have been approved and are currently being studied, and projects completed during the reporting period. According to *the Notice of the State Council on Deepening the Management Reform Plan of Central Financial Science and Technology Plans (Special Projects, Funds, etc.)* (State Council Document 〔2014〕No.64), national scientific research projects refer to five categories of science and technology plan projects: National Natural Science Foundation, National Major Science and Technology Projects, National Key R&D Plans, Technical Innovation Guidance Special Projects (Funds), and Base and Talent Special Projects. Provincial science and technology projects refer to science and technology projects supported by provincial financial funds approved by the provincial department of science and technology, the department of natural resources, and other departments. The number of projects is only counted for the ongoing research projects undertaken by the leading unit, and the research topics, topics and tasks undertaken as collaborative or outsourced units are not included in the statistics. Research project funding refers to the total annual funding for the aforementioned research projects.

Key Laboratory—the existing national and provincial level laboratories of various types during the reporting period. Among them, the national level is approved by the Ministry of Science and Technology, the ministerial level is approved by the Ministry of Natural Resources or other ministries, and the provincial level is approved by the provincial department of science and technology, the department of natural resources, etc. To avoid duplicate statistics, only key laboratories with our institution as the supporting unit will be counted.

Engineering Technology Innovation Center—various types of national and provincial engineering and technology innovation centers that exist during the reporting period. Among them, the national level is approved by the Ministry of Science and Technology and the National Development and Reform Commission as the National Engineering Technology Research Center and National Engineering Laboratory, the ministerial level is approved by the Ministry of Natural Resources or other ministries, and the provincial level is approved by the provincial department of science and technology, the department of natural resources, etc. To avoid duplicate statistics, only the engineering technology innovation centers based on our institution will be counted.

Field Scientific Observation and Research Station—various types of national and provincial level field scientific observation and research stations that exist during the reporting period. Among them, the national level is approved by the Ministry of Science and Technology, the ministerial level is approved by the Ministry of Natural Resources or other ministries, and the provincial level is approved by the provincial department of science and technology, the department of natural resources, etc. To avoid duplicate statistics, only field scientific observation and research stations based on our institution will be counted.

Science Popularization Base—various types of national and provincial science popularization bases that exist during the reporting period. Among them, the national level is approved by the Ministry of Science and Technology, the ministerial level is approved by the Ministry of Natural Resources or other ministries, and the provincial level is approved by the provincial department of science and technology, the department of natural resources, etc.

Scientific and Technological Paper—papers published as the first author in international or national core journals. Being indexed by SCI, EI, and ISTP mainly refers to journal and conference papers published by scientific and technological personnel in the three retrieval systems published in the United States: Science Citation Index (SCI), Engineering Index (EI), and Index to Scientific &Technical Proceedings (ISTP).

Scientific and Technological Works—scientific and technological monographs, text-books of universities and colleges, and popular science books compiled, printed, and published by formal publishing establishments. In order to evade repetition in statistical survey, only the papers and works whose first authors are scientific and technological persons of the current organization are included in the statistics. The books with the same title are considered to be one entry, which is unrelated to the quantity of distribution of the books.

Patent Application Accepted This Year—the number of patent applications submitted and accepted by the unit to domestic and foreign intellectual property administrative departments during the reporting period. To avoid duplicate statistics, only patents with the institution's technology personnel as the first author will be counted.

Number of Patent Granted This Year—the number of patents granted to the unit by domestic and foreign intellectual property administrative departments in that year. To avoid duplicate statistics, only patents with the institution's technology personnel as the first author will be counted.

Total Number of Valid Invention Patent—the total number of invention patents owned by the unit as the patent owner, granted by domestic and foreign intellectual property administrative departments, and within the validity period during the reporting period.

Software Copyright—the exclusive rights enjoyed by software developers or other rights holders in accordance with relevant copyright laws and regulations regarding software works.

Scientific and Technological Prize—the number of national and provincial level scientific and technological awards received during the reporting period. The national level includes the State Natural Science Award, the State Technological Innovation Award and the National Science and Technology Progress Award. The provincial science and technology awards refer to the provincial-level science and technology awards established by the people's governments of provinces, autonomous regions, and municipalities directly under the central government. The ministerial level science and technology awards refer to the ministerial level science and technology awards established by relevant departments of the State Council based on special circumstances of national defense and national security. The Ministry of Industry and Information Technology, the Ministry of Public Security, and the Ministry of State Security may establish ministerial level science and technology awards. The awards set up by social forces such as the Land and Resources Science and Technology Award, Surveying and Mapping Science and Technology Award, and Marine Science and Technology Award do not belong to the category of the ministerial level science and technology award.

Popular Science Works—popular science works such as books, periodicals and audio-video products. Only the first author of the works belongs to the unit is calculated in the statistics.

Thematic Science Popularization Activity—the science popularization activity in the natural resources area carried out by the unit as the first unit undertaking the activity during the reporting period.